60分でわかる！ THE BEGINNER'S GUIDE TO MACHINE LEARNING

機械学習
＆ディープラーニング
超入門

機械学習研究会 著
株式会社ALBERT データ分析部
安達章浩・青木健児 監修

技術評論社

JN216879

Contents

Chapter 1
今さら聞けない！　機械学習の基本

001	機械学習は「判断する機械」	8
002	機械学習がなぜこれからのビジネスを変えるのか	10
003	まずは知りたい基本のしくみ	12
004	得意な分野と苦手な分野	14
005	活躍する分野と伸び続ける市場規模	16
006	めざましい進化の歴史	18
007	ディープラーニングの登場	20
008	機械学習にも限界はある	22
009	機械学習とAIの違いって何?	24
010	機械学習とデータサイエンスの違いとは?	26
Column	データ時代到来!　機械学習は欠かせない	28

Chapter 2
未来の話じゃない！　実用される機械学習

011	世界最強を打ち負かす!?　AlphaGoの衝撃	30
012	自動運転で運転手がゼロに!?	32
013	難病治療・早期発見で医療を支える	34
014	どうしてわかるの?　SNSの写真タグ付け	36
015	公共交通機関の遅延をピタリと当てる	38
016	在庫ゼロ!　スーパーが新鮮な商品だけになる	40

017	ファッションの好みもお似合い度もAIにはわかる?	42
018	東大合格!? 試験問題をAIが攻略	44
019	ECサイトがより快適に	46
020	声の分析をビジネスチャンスに変える	48
021	野菜を商品ランクごとに自動仕分け	50
022	スポーツ選手・熟練職人の技能を機械学習が超える!?	52
023	オフィスが自動で快適&省エネ化	54
024	異常を「事前察知」で徹底回避	56
025	経費の不正を一発探知? 怪しい社員をあぶりだす	58
026	違法な画像やコメントを一掃する	60
027	ビッグデータと機械学習で交通安全	62
028	牛×センサー×機械学習の酪農革命!	64
029	超高速・超高精度のAI金融時代	66
030	手書き文字も認識 OCRでサクサクデータ化	68
031	テロを未然に防ぐ監視システム	70
Column	Google翻訳を支える機械学習	72

Chapter 3
そうだったのか! 機械学習のしくみ

032	機械学習は何のためのもの?	74
033	機械はどうやって考えているのか	76
034	絶対に欠かせないデータ	78
035	機械はどのようにデータを分類しているか	80

3

036	人間には見えず、機械には見える関係性	82
037	なぜ機械学習は未来を予測できるのか	84
038	機械が言語を理解できるのはなぜか	86
039	機械学習のさまざまな手法	88
040	教えられて学ぶか、自分で見出すか	90
041	人間と同じ答えを導き出せる「教師あり学習」	92
042	未知の法則性を見つける「教師なし学習」	94
043	人間や動物も同じ？ 報酬から学ぶ「強化学習」	96
044	神経を模倣した!?「ディープラーニング」の圧倒的能力	98
045	ディープラーニングでAIが人間を超える!?	100
046	人間の技でパフォーマンスを高める「能動学習」	102
047	機械学習だからこそ陥る過学習のワナ	104
048	精度の向上を阻む次元の呪い	106
Column	機械学習の多彩な技法	108

Chapter 4
機械学習をビジネスに導入する

049	ビジネスの現場で活躍しだした機械学習	110
050	年間1億円以上のコスト削減ができる!?	112
051	機械学習をあなたのビジネスに導入するために	114
052	導入に必要な投資はこれだけ!	116
053	これから一番の資産はデータ	118
054	オーダーメイドで自社に最適な機械学習を導入する	120

055	オーダーメイドの機械学習の導入効果	122
056	設備投資ゼロ!? クラウド機械学習	124
057	機械学習サービスの導入	126
058	画像・音声認識はすぐにでもビジネスに導入できる	128
059	機械学習プラットフォームの登場	130
060	なぜGoogleは機械学習技術を公開するのか?	132
Column	個人でも始められる機械学習	134

Chapter 5
機械学習ビジネスの未来

061	機械学習から始まる新しい産業革命	136
062	機械学習が起こす「農業革命」	138
063	機械学習で言葉の壁がなくなる!?	140
064	交通渋滞ゼロの社会へ	142
065	ハイテク戦争のカギを握る機械学習とAI	144
066	機械学習が犯罪防止の鍵を握る	146
067	機械学習が悪用されたらどうする?	148
068	機械学習が犯した間違いの責任はだれが取る!?	150
069	機械学習によって消えていく職業	152

| 機械学習注目企業リスト | 154 |
| 索引 | 158 |

5

■ 『ご注意』ご購入・ご利用の前に必ずお読みください

　本書に記載された内容は、情報の提供のみを目的としています。したがって、本書を参考にした運用は、必ずご自身の責任と判断において行ってください。本書の情報に基づいた運用の結果、想定した通りの成果が得られなかったり、損害が発生しても弊社および著者はいかなる責任も負いません。

　本書に記載されている情報は、特に断りがない限り、2017 年 3 月時点での情報に基づいています。サービスの内容や価格などすべての情報はご利用時には変更されている場合がありますので、ご注意ください。

　本書は、著作権法上の保護を受けています。本書の一部あるいは全部について、いかなる方法においても無断で複写、複製することは禁じられています。

　本文中に記載されている会社名、製品名などは、すべて関係各社の商標または登録商標、商品名です。なお、本文中には ™ マーク、®マークは記載しておりません。

Chapter 1

今さら聞けない!
機械学習の基本

001

機械学習は「判断する機械」

コンピューター自身が判断するためのしくみ

　現在、さまざまな産業分野で「**機械学習（Machine Learning：マシンラーニング)**」が注目を集めています。機械学習が注目を集めるのは、「AI（人工知能）」や「自動運転」といった最新テクノロジーの開発や、既存のビジネスのデータ活用に、決して欠かせないしくみだからです。

　機械学習とは、「**データの中から規則性や判断基準を見つけ、それを使って判断し、未知のものを予測する**」テクノロジーのことです。データから特徴や判断基準を見つけ出すことを、「**学習**」といいます。機械学習を活用することで、たとえば受信メールの中からスパムメールを見つけ出したり、たくさんの動物の写真の中から猫の写真だけを取り出して分類したりといった作業をコンピューターが自動でやってくれます。ただし、データおよび機械学習をどう利活用するかは、最終的には人間が決定する必要があります。また、機械学習の精度を実際のビジネスに活用できるレベルまで高めるには、まだまだ人間のサポートが必要です。

　世の中に蓄積された膨大な量のデータ、いわゆる「ビッグデータ」の分析にも機械学習の技術が欠かせません。機械学習のテクノロジーを駆使してコンピューターが処理すれば、膨大な量のデータを分析し、有益な情報を見つけ出すことができる可能性が上がります。人間や既存の統計ソフトウェアでは解決できないデータや、その他のデータを活用したい領域でも、機械学習なら通用することは多くあります。

データから規則性を見つけ出し、自動で判断する

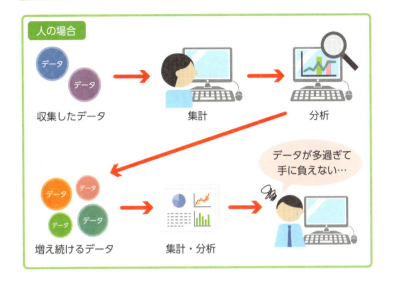

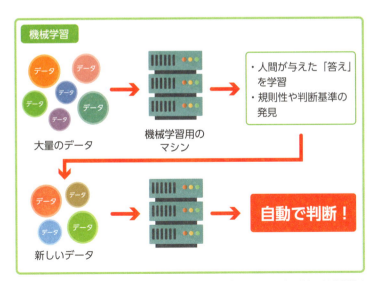

▲人間が与えた「答え」によって学習したり、膨大なデータの中から規則性や判断基準を見つけ出すことで、コンピューターが判断や予測を自動で行うことができる。

002

機械学習がなぜこれからの
ビジネスを変えるのか

人間がやっていた認知や判断のいる仕事が自動化される

　機械学習のテクノロジーを活用することで、これまで人間が行ってきた「**判断**」を、自動化できます。また、従来は長い時間をかけて積み上げた経験と勘にもとづいて行われていた「**予測**」も、短時間で正確に行うことができます。**ビジネスに機械学習が導入されることで、人件費の削減や作業時間の短縮、ひいてはビジネスの最適化へとつながっていく**ことが期待されます。

　すでに機械学習の活用が進められている事例は数多くあります。機械学習による画像認識技術の発展により、写真に写っている対象の特徴などを抽出することで、写真を被写体や撮影地に応じて自動的に分類するサービスが人気です。Googleをはじめとした検索エンジンでは最適な検索結果を表示するために機械学習が使われており、ショッピングサイトではユーザーの購買履歴にもとづいたレコメンデーション商品の表示などに活用されています。製造業でも機械学習は欠かせなくなりつつあります。ライン上の製品を撮影して不良品を見つけたり、機械設備を監視して故障の兆候を察知したりと、人の目や勘に頼っていた作業の一部が、機械学習で効率的に自動化されています。今もっとも注目を集めているのが、金融分野への応用です。機械学習を活用した不正の防止や、市場から得られるデータを分析することによる投資や取引のタイミングの最適化の研究も進んでいます。

　このように**機械学習で、認知能力や判断の必要な作業効率の向上や、新しいシステムの創造が可能**になりました。

機械学習がさまざまな仕事を自動化する

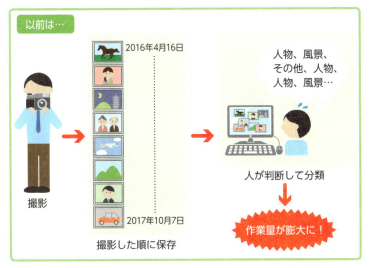

▲機械学習が画像認識に活用される前は、一枚一枚、人が判断して写真を分類していた。

▲機械学習を活用した画像管理サービス（右上の画面は「Googleフォト」）では、撮影してアップロードした写真が、自動で「人」や「景色」などに分類される。

003

まずは知りたい基本のしくみ

「学習」によって得たモデルから「推論」する

　機械学習が予測や判断を行うための工程は、判断基準を見つけるための「**学習**」と、作り出したモデルを使って実際の作業を行う「**推論**」とに分かれます。

　学習とは、データの特徴を調べてモデル化する作業です。たとえば、たくさんの画像の中から「猫」と「犬」の画像を選択する場合、「猫」や「犬」の持つ体の模様や目や耳の形、大きさ、毛並みその他大量の特徴を導き出します。その中から「これは猫」「これは犬」と判断できる特徴を数値化します。この数値を、「特徴量」といいます。

　特徴量を用意したらサンプルとなるデータ（学習データ）を読み込み、「猫」と「犬」の画像を識別するために最適な特徴量の組み合わせを決定していきます。最適な特徴量の組み合わせを決定していく過程が、「学習」になります。

　こうして学習した結果、実際のデータから推論するための「**推論モデル**」が構築されます。構築した推論モデルを使って、実際にたくさんの画像の中から「猫」や「犬」の特徴を持つ画像を選択していきます。この作業が「推論」です。**このように、機械学習では、データから目的に合わせた判断や予測を行っていきます。**

　機械学習によって「猫」や「犬」の特徴を見つけ出すには、大量のデータが必要です。十分なデータがないと、上手く推論モデルを構築できない可能性があります（P.104 参照）。

機械学習で画像を認識するしくみ

▲サンプルデータを学習させることで「猫」の特徴を覚え、実際のデータから「猫」を認識し、分類することができる。

004

得意な分野と苦手な分野

データに強いがデータがないと…?

　機械学習が得意なことは、大きく3つに分けられます。1つ目は、**データをさまざまな角度から検証して、共通する特徴やパターンを見つけ出す**ことです。その中には、人間では思いつかないような特徴が見つかる可能性もあります。たとえばアメリカでは、がん患者の腫瘍の特徴を機械学習によって発見し、がんの診断に役立てています。

　2つ目は**大量のデータを扱う**ことです。YouTubeの動画を1週間見せ続けたことにより、コンピューターが自分で「猫」の画像を認識できるようになったという実験があります。膨大な量のデータ（ビッグデータ）を有効活用できるということは、機械学習のビジネス利用において、もっとも期待されていることの1つです。

　3つ目は、**決まったルールに則って、ブレずに判断する**ことです。機械は繰り返し処理が得意です。その点は根本的に機械が人間よりも優れている点だといえるでしょう。

　反対に、「学習していないことには対応できない」という弱点もあります。強力な将棋ソフトが、初めて見る戦法に対応できずに敗れたことは有名な話です。わざわざコンピューターを使うまでもなく、人が作業したほうが早い規模の小さな仕事では、機械学習のメリットを活かせません。少ない情報から推論をすると判断の精度が上がらず、判断を誤ることもあります。

　機械学習は、「データ」を「さまざまな角度から検証」し、「高速かつ正確に処理」する必要のある分野で、その力を最大限に発揮できます。

機械学習の得意なこと

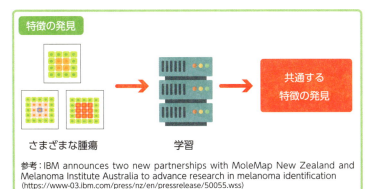

参考：IBM announces two new partnerships with MoleMap New Zealand and Melanoma Institute Australia to advance research in melanoma identification
(https://www-03.ibm.com/press/nz/en/pressrelease/50055.wss)

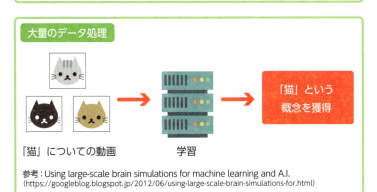

参考：Using large-scale brain simulations for machine learning and A.I.
(https://googleblog.blogspot.jp/2012/06/using-large-scale-brain-simulations-for.html)

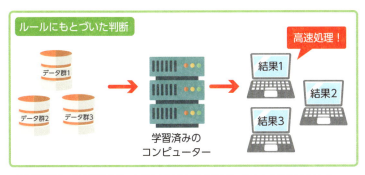

▲機械学習は、多くの場合データが大量であればあるほど、その力を発揮してくれる。

005
活躍する分野と
伸び続ける市場規模

すべての企業が機械学習導入!?

　EY総合研究所のレポートによると、日本でのAIの市場規模は、2030年に86兆9620億円に達すると見られています。AIを支える機械学習の技術も情報通信産業だけでなくさまざまな分野での活用が期待されます。その1つが「予測」です。たとえば金融業界では、高度な予測にもとづいた株取引などに応用することへの期待が高まっています。ほかにはPOSデータなどをもとにした商品需要予測（P.40参照）や、電車の遅延予測（P.38参照）などにも活用されています。

　次に、対象の「認識」です。画像認識は、対象となる画像の特徴を学習することによって、写真から対象物（人の顔など）の輪郭を抽出したり、写真を分類したりすることができます。人間の話す声を認識して、言葉をテキスト化したり、音声の特徴をとらえて声の主を特定したりする「音声認識」でも機械学習が活用されています。さらに農作物の仕分け（P.50参照）や工場の高度なセンサーにも利用できます。音声認識で代表的なものは、iPhoneに搭載されている「Siri」でしょう。

　機械学習はそのほかにも、迷惑メールと普通のメールを振り分ける機能などに利用されている「分類」、検索エンジンのしくみに応用されている「最適化」などの用途に利用されます（P.74参照）。ここまで挙げたものに限らず、機械学習は多くの活用例があります（第2章参照）。機械学習の能力はすべての産業で活用できるものです。今後は機械学習の導入による業務効率化は必至でしょう。

さまざまな産業で活躍する機械学習

AI関連産業の市場規模

出典：EY総合研究所　レポート「人工知能が経営にもたらす『創造』と『破壊』」(2015)（https://eyi.eyjapan.jp/knowledge/future-society-and-industry/2015-09-15.html）

商品レコメンデーション

Amazonの商品レコメンデーションは見た商品に応じて内容が変わる
（https://www.amazon.co.jp/）

▲AIの関連産業は、運輸や製造など多岐に渡る。AIの市場規模が発展することで、必然的に機械学習テクノロジーの需要も増えることが予想される。

006

めざましい進化の歴史

機械学習の歴史は、コンピューターによる知識獲得の歴史

　機械学習は、AI（人工知能）研究の中から生まれた技術です。ここでは、AIの進化の歴史から、機械学習の発展を振り返ってみましょう。AIが最初に注目されたのは、1950年代です。1956年のダートマス会議で初めて「人工知能（AI：Artificial Intelligence）」という言葉が使われました。この頃は、コンピューターに人間の知識を搭載して、その知識を使い推論することが研究の中心でした。今のような「学習する能力を持たせる」という発想はありませんでした。

　次にAIが注目されたのが、1980年代の医療分野です。「エキスパートシステム」という、人間の経験や知識を記録して病気の診断に活用するシステムが登場しました。同時に、**コンピューターが経験や知識を獲得するためにはどうするかという「知識獲得」の問題が浮上しました。これが機械学習の始まりといえるでしょう。**人間が行う「推論」を機械に行わせるため、推論のベースとなる知識獲得も機械自身に行わせることが課題になったのです。同時期に注目されたのが「ニューラル・ネットワーク（P.20参照）」です。これは人間の脳の神経回路を真似することで、データを人間と同じように分類しようというアイデアにもとづくアルゴリズムです。

　その後、1990年代に現在の研究を支える多くの理論が登場しました。さらに2000年代にはディープラーニングなどの手法が登場し、一気に実用性が増していきます。そして2010年代ではビジネスへの機械学習導入が爆発的に進み、IoTやビッグデータをビジネスで活用するため、今や機械学習の技術は欠かせないものとなっています。

機械学習のあゆみ

1950〜60年代

第1次人工知能ブーム：
コンピューターにもチェスを指すことが可能で、原理的には世界チャンピオンにも勝てる

> 機械学習は必要なかった

1970年代

停滞期（「AIの冬の時代」と呼ばれる）

機械学習の本格的な始まり

1980年代

第2次人工知能ブーム：
- スタンフォード大学の感染症の診断治療支援エキスパートシステム「MYCIN」が登場
- コンピューターによる「知識獲得」の問題が浮上

1990年代

・ニューラルネットワークなどの開発（P.20参照）

機械学習の成長期

2000年代

第3次人工知能ブーム＆機械学習の発展期：
・ディープラーニングの登場

2010年代

- IoTやビッグデータ活用のため、機械学習が注目される
- AlphaGoがプロの棋士に勝利
- 技術が成熟し、ビジネス導入が進む

▲ 機械学習の歴史は、AIの歴史と関連して解説されることが多い。第1次人工知能ブームでは機械学習の手法は注目されず、実質的な機械学習のスタートは、第2次人工知能ブーム時である。2000年代以降めざましい発展を遂げている。

007

ディープラーニングの登場

コンピューターの性能向上により機械学習も「深化」！

　「ニューラル・ネットワーク」は、人間の神経構造をもとにして作られたモデルで、機械学習の発展を支える重要な概念です。

　人間の脳は、「ニューロン」と呼ばれる神経細胞のネットワークです。脳の神経構造は、たくさんのニューロンのつながりで階層化されています。この階層構造を模した「ニューラル・ネットワーク」は、「入力層」「中間層」「出力層」という3層から成り立ちます。それぞれの役割をかんたんに説明すると、入力層から中間層では、画像から複数の特徴を抽出します。中間層から出力層では、特徴を組み合わせることにより、さらに複雑な特徴を抽出し最終的な判断を行います。優れたアイデアでしたが、精度の安定性などに課題がありました。

　このニューラル・ネットワークの中間層を多層化したものが「**ディープラーニング（Deep Learning）**」です。日本語では「**深層学習**」とも呼ばれます。ディープラーニングは機械学習の一種ですが、それまでの機械学習とは異なる面もあります。ディープラーニングでは、大量のデータから「**どこに注目すべきか」を人間なしで判断できる**ようになり、それまでは人間が行っていた多くの作業を自動で行ってくれます。人間には判断できないような細かな特徴まで発見することも可能です。**ディープラーニングはAIに活用されていることでも有名です**。ディープラーニングによって今までは処理の難しかったデータにも機械学習技術が活用できるようになり、ビジネスでの活躍がますます進んでいます。

ニューラルネットワークからディープラーニングへの進化

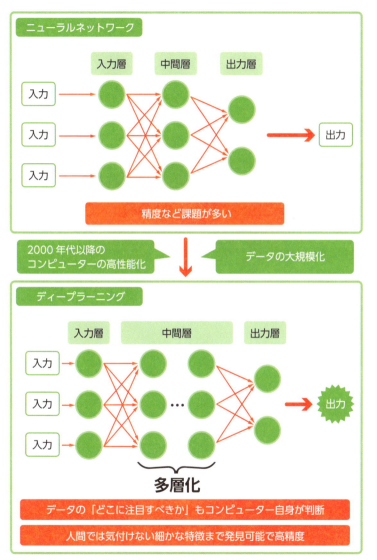

▲ディープラーニングは中間層を多層化することで、ニューラルネットワークでは見つけられない特徴量を見つけ出すことが期待できる。

008

機械学習にも限界はある

機械学習は万能ではない

　多くの期待が寄せられている機械学習ですが、まだ完全ではなく、いくつか限界もあります。これらの限界の中には、機械学習を導入せず人間がやったほうが費用対効果に優れる作業などもありますが、機械学習自体の限界に注目しましょう。過去のパターンから割り出せないような、まったく未知のデータに出会った場合（**未学習**）には、機械学習は判断を誤る可能性が高くなります。たとえば、さまざまな犬の種類に関するデータをもとに学習し、犬を種類ごとに振り分けられるようになったとします。しかし、学習したデータの中に「チワワ」に関する情報が入っていなかった場合、機械学習は「チワワ」を正しく認識できないでしょう。

　また、投入されたデータによっては、誤った結果を導き出してしまうこともあります。猫の特徴を見つけ出して、膨大な画像データの中から猫の写真を選択できるようになっても、データの問題で精巧な猫のイラストを、猫の写真と判断してしまうこともあり得ます。

　さらに、学習データには適合しても、うまく予測を導き出せないルールを作り出してしまうこともあります。これは「**過学習**」や「**過剰適合**」と呼ばれます。過学習はデータの不足や偏りにより、複雑すぎるモデルを当てはめてしまうことが原因で起きます。**過学習を避けて機械学習の精度を上げるためには、大量の整理されたデータが必要**です。十分なデータを用意できなければ、せっかく機械学習を導入したとしても何の役にも立たないシステムができてしまう可能性もあります。

機械学習の限界は大きく3つ

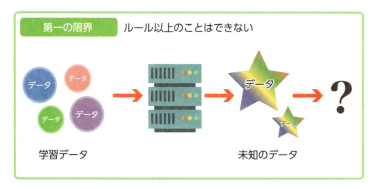

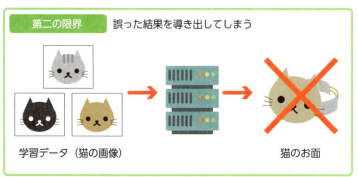

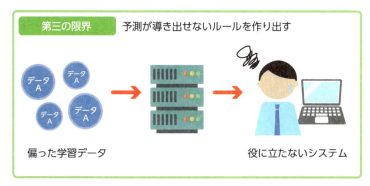

▲機械学習にも限界がある。機械学習を導入する際には、コストに見合う成果を得られるかどうかも考慮した慎重な検討が重要だ。

009

機械学習とAIの違いって何?

機械学習はAIの一分野

インターネットをはじめとするさまざまなメディアで「機械学習」が取り上げられるとき、同じように使われる言葉に「AI（人工知能）」があります。機械学習とAIの違いは何でしょうか。

AIは、大きく分けると「**汎用人工知能**（General AI）」と「**特化型人工知能**（Narrow AI）」の2つに分類することができます。汎用人工知能とは、かんたんにいうと「人間と同じように考え行動する」ことを再現しようというものです。一方で特化型人工知能は、人間が頭で行っている作業の一部をマシンに行わせようとするものです。汎用型人工知能は、たとえばアニメに出てくるアンドロイドやロボットをイメージしてもらえればいいです。また、最近話題になったソフトバンクの「Pepper（ペッパー）」も、この範囲に入ると考えることもできるでしょう。一方、特化型人工知能は、過去のデータの蓄積から学習し、特定の分野の問題解決や作業を独自に行うことができる人工知能です。現在活用されているAIや、近い将来製品化されるAIの多くが、この特化型人工知能に含まれます。

そして機械学習は、特定の事象のデータを解析して、その中から特徴やルールを学習し、判断や予測を行うテクノロジーであり、**特化型人工知能の1つのカテゴリ**であるといえます。そのため、機械学習はAIの1分野として研究されてきた歴史があります。同時に機械学習の発展がAI全体を押し上げ、ニューラルネットワークが発展してできたディープラーニングは、近年のAIブームの火付け役となりました。

機械学習は特化型人工知能の1分野

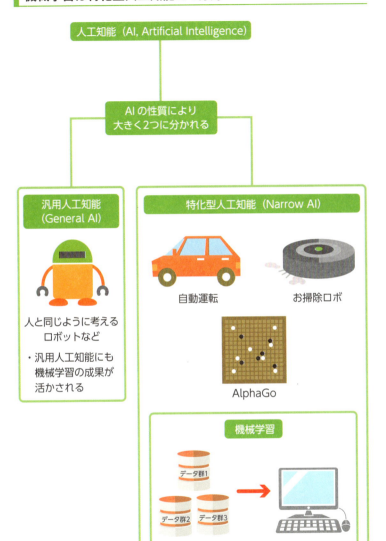

▲人工知能は、人間と同じように考え行動できる「汎用人工知能」と、特定の機能に特化した「特化型人工知能」に分かれ、機械学習は特化型人工知能の1分野であるといえる。

010

機械学習と
データサイエンスの違いとは?

機械学習はデータサイエンスを支えるテクノロジー

　機械学習はデータから学習することで予測や判断を自動化する技術、対してデータサイエンスとはデータの分析や活用方法などを研究する分野です。どちらも「データをビジネスに活かす」ためのものですが、これらの違いはどこにあるのでしょうか。機械学習はデータサイエンスの一部という見方が有力です。

　企業の中には、膨大なデータが蓄積されています。それらのデータを有効に活用し、企業戦略の意思決定をはじめ、さまざまな業務で活用したいと考えるのは、当然のことでしょう。

　しかし、データを正しく活用するためには、「データを集める」「管理する」「整理する」「分析する」「予測する」といった、複数の工程が必要になります。このデータ活用の範囲をすべてカバーするのが、**データサイエンス**です。このようなデータ活用のための諸業務を行う人のことを、「**データサイエンティスト**」や「**データアナリスト**」と呼びます。これらの作業はいずれも高い専門性が求められます。

　データ活用全体の視点に立つデータサイエンスに対して、機械学習は分析・予測などデータ活用の一部に特化しています。機械学習を活用するためには、その前段としてデータの収集・整理も必要なので、データサイエンス全体の知識は必須です。**機械学習がデータを有効利用するための一手段であるのに対し、データサイエンスはそれを包括した、データ活用の総合的な分野**でお互い欠かせないものといえるでしょう。

データサイエンスに機械学習は欠かせない

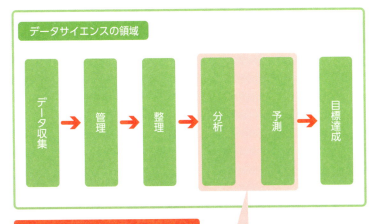

データサイエンスの一部に機械学習が含まれるという見方が多い

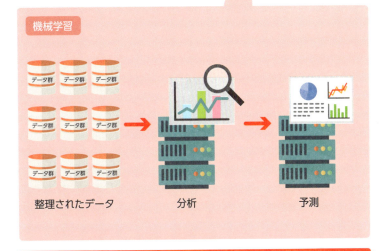

機械学習は、今日のデータ分析において欠かせないテクノロジーであり、もっとも重要な手法の1つとなりつつある

▲データサイエンスの「分析」と「予測」の段階で、**機械学習**の手法が必要となる。

Column

データ時代到来！
機械学習は欠かせない

　さまざまなセンサー類とインターネットをつなげる IoT（Internet of Things：インターネットオブシングス）やビッグデータの流行、企業データの活用の機運の高まりなどに応じてビジネス分野のデータ活用に注目が集まっています。

　データを集めるだけ、あるいは集めたデータを適当に分析しているだけではせっかく集めたデータも宝のもちぐされです。

　自社でデータを活用するとき、データを集めるためのセンサーの設置やしくみづくりも重要ですが、やはり大事なのはデータ分析基盤を構築することです。データ活用のためには機械学習などを利用してデータを分析、確認できるしくみを導入しなければいけません。

　このようなデータ分析のしくみは機械学習やビッグデータに精通したコンサルティング会社などを利用して自社でゼロからつくる方法のほかに、BI（ビジネスインテリジェンス、ビジネス分析）ツールなどを導入、利用する方法があります。近年注目を集める BI ツールの中には機械学習の機能を活用したものも多くあります。データ時代、そのデータを活用するためのしくみの導入は必須です。

▲どんなにデータを集めてもそれを活用できなければムダになってしまう。

Chapter 2

未来の話じゃない！
実用される機械学習

011

世界最強を打ち負かす!? AlphaGoの衝撃

AIの急速な進化を予感させる「AlphaGo」の勝利

2016年3月、AIと人間による囲碁の5番勝負が開催され、Google DeepMind社が開発した「AlphaGo（アルファ碁）」が、世界トップクラスの棋士を破りました。

ボードゲームにおけるAIと人間の対決では、1997年にチェスの世界チャンピオンに、IBMのAI「ディープ・ブルー」が勝利しています。また将棋の世界では、2011年から2015年にかけて、AIとプロ棋士による「電王戦」が開催され、AI優位の現状が知られています。しかし、囲碁の場合はチェスや将棋よりもはるかに目の数が多く、10^{300}もの打ち手があるといわれています。競技としての複雑さから「人間に勝ち越すには、あと数年かかるだろう」と予想されていたため、この勝利は大きな話題となりました。

トップ棋士に打ち勝ったAlphaGoには、ディープラーニングが活用されています。AlphaGoは、**膨大な量の囲碁の対戦記録を読み込んで、人間の熟練した棋士の打ち方を解析し、囲碁の勝ち方を学習**しました。そのうえで、自分自身との対戦を100万回以上も繰り返し、「どこに注目すれば勝てるのか」ということをさらに学んでいきました。AlphaGoは、自身との対局を繰り返すことで成長し、人間のトップ棋士に勝ってしまったのです。

ディープラーニングが囲碁で人間を打ち負かしたことは、機械学習が今後の社会に与える影響の大きさ、AIの急速な進化を予感させる出来事であったといえるでしょう。

AlphaGo(アルファ碁)のしくみ

1、膨大な量の囲碁の対戦記録から打ち手を学習

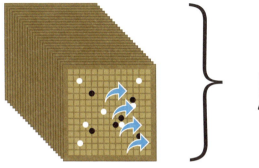

過去の対局内容を繰り返し学習する

2、自分自身との対戦でさらに強く

3、学習をもとに実際の対局

4勝1敗で、世界トップレベルのプロ棋士に勝利!

▲「AlphaGo」は盤面の石の関係性を読み取り、次の手を決める。学習の結果、最適な手を推論する能力を手に入れた。

012

自動運転で運転手がゼロに!?

機械学習によって「正しい走り方」を学ぶ

　自動車の「自動運転」技術はすでに現実になりつつあり、多くのメーカーが実証実験を始めています。自動運転が実現すると、ドライバーの運転ミスによる交通事故減少や、高齢者や障害者向けの新たな移動手段など、さまざまな効果が期待されています。

　自動運転機能が搭載された自動車では、地図情報を活用しながら、ほかの車や歩行者の位置、信号の色など周りの状況をカメラやセンサーで収集します。そして、それらの情報をソフトウェアが解析して状況を判断し、ハンドルやブレーキ、アクセルを制御しながら安全に自動車を走らせていきます。周囲の状況を把握するための画像認識を中心とした情報解析と、自動車の制御を行うソフトウェアには、機械学習の技術が利用されています。

　自動運転の精度を上げるために、**マシンの判断に「罰」と「報酬」を与える**という、機械学習の手法（**強化学習**）が利用されています。たとえば、「走った距離」を「報酬」とし、モノにぶつかると「罰」が与えられ、「走った距離」が0になるとします。機械は「報酬」がもらえるので、アクセルを動かして走り始めます。しかしモノにぶつかると「罰」が与えられ、「走った距離」は0に戻ります。すると機械はどうすればモノにぶつからずに、「走った距離」を伸ばせるかを学んでいきます。このような学習を積み重ねた結果、安全に自動車を走らせることができるようになるのです。自動運転の開発には、自動車メーカーのみならず、IT業界の有力企業も多数参入し、業界の垣根を超えた広がりと人気を見せています。

自動運転の頭脳としてはたらく機械学習

自働運転の学習の一例

・「報酬」がもらえるので走り始める

・モノにぶつかると「罰」を受けるため、自動車は止まる

・障害物を避ける、止まるなどをしてぶつからずに進むことを学習する

・「報酬」を得るために、さらに学習する

▲機械学習システムの判断に対して「報酬」と「罰」を与えることで、正しい動作を自発的に発見させる。

013
難病治療・早期発見で
医療を支える

専門家の判断を学習し、難病の診断、早期治療へつなげる

「AlphaGo」で有名な Google DeepMind 社は、病院と連携して医療分野での機械学習の応用を進めています。眼の難病の早期発見や、がん治療に使われる放射線の範囲の確定などに機械学習でアプローチしています。

眼科において一部の診断は、眼球のスキャン画像を使って行われます。ただし、スキャン画像を使った診断には習熟が必要で、一部の病気についてはその兆候が専門家でもわかりにくく、病気の発見には長い時間が必要です。そこで同社では、これまでの**患者の症状や疾病管理情報を付けた、100万人のスキャンデータをコンピューターに読み込ませて学習させ、病気の早期発見につなげる開発計画**を立てています。これにより人間が気づきづらい箇所の特定や、習熟度の高い医師なしでの診断などが期待されます。

がんの放射線治療に機械学習を活用するプロジェクトもあります。一部のがんでは、治療したがん組織が重要な神経器官と接近している場合があります。これら神経器官を傷つけないように、放射線を当てる場所を決める必要があります。このプロジェクトでは、**700人に及ぶがん患者のスキャンデータをコンピューターに読み込ませて、データとそれに対する臨床医の判断プロセスを機械学習することで危険性の低い放射線治療計画を自動化**します。4時間かかっていた作業を、1時間に短縮する目標に向けて開発が続いています。機械学習を医療に応用することで、患者のリスク低減や医師の負担軽減が期待されています。高度な知的技能も、機械学習なら再現できます。

機械学習の医療への応用例

難病の早期発見

100万人分のスキャンデータ

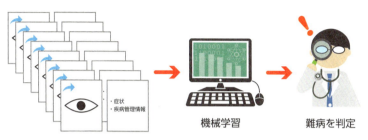

▲糖尿病性網膜症や加齢黄斑変性症の、過去の患者のスキャンデータや症状の情報をコンピューターに学習させ、難病の早期発見に役立てる。

放射線治療の照射範囲の決定

患者のスキャンデータ

臨床医の判断プロセス

参考：Supporting Medical Research、Eye Diseases、Radiotherapy Planning
(https://deepmind.com/applied/deepmind-health/research/)

▲がん患者のスキャンデータと臨床医の判断プロセスをコンピューターに学習させ、放射線の照射箇所決定につなげることで、治療時間の短縮に役立てる。

014

どうしてわかるの?
SNSの写真タグ付け

ディープラーニングによる画像認識の活用

　Facebook などの SNS で活用される「タグ付け」機能には、機械学習を利用した画像認識技術が使われています。近年のディープラーニングを活用した画像認識では、**小さな特徴まで自動的に抽出して組み合わせることで、非常に高い精度で対象を見分けることができます**。Facebook や Google では、投稿される膨大な写真とそのタグのデータに加え、ユーザーからの誤りの修正報告など、とてつもない量のデータ（学習データ）を取得しています。これによって認識精度が上がります。当然、それに対応するためのインフラ設備も大がかりになります。大量のデータの取得とそれを機械学習に活用するための基盤の構築は、ほかの企業が真似しようとしても、かんたんではありません。

　そんな技術を、特別な環境がなくても導入する方法として、Google が一部公開している認識システム（P.128 参照）を利用する方法があります。ほかにも Alpaca 社の Labellio（https://www.labell.io/ja/）などのWebサービスも利用できます。Labellio では、サーバーに画像をアップロードして「ラベル付け」を行うだけで画像認識モデルを作成でき、自社サイトに投稿された画像に自動でタグ付けを行うシステムなどに利用できます。機械学習のシステムを自作しようと思うと、多くの場合設備投資や人材確保に多大な予算が必要となります。カスタマイズ性には乏しいですが、機械学習の成果をかんたんに試したいときや、データの社外持ち出しが可能でクラウドを積極的に活用できるときは採用を検討できます。

Facebookのタグ付け機能のしくみ

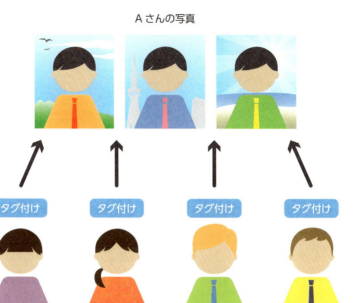

タグ付けされた写真から、人物の特徴を学習

▲Facebookの顔認識システムは、投稿された写真のタグ付け情報を学習することで、新しく投稿された写真に自動でタグ付けすることができる。

015

公共交通機関の遅延を
ピタリと当てる

スマートフォンアプリに遅延時間を表示する実証実験

鉄道の乗り換え案内アプリを提供しているジョルダンと富士通が共同で、機械学習を応用した電車の遅延時間を予測する機能の実証実験を行いました。

その場にいるユーザーからの投稿で、電車などの**今まで集積していたデータと、リアルタイムのデータを組み合わせた推論は機械学習の得意とするところです**。遅延情報を多数のユーザー間で共有できる「ジョルダンライブ」をベースに実験しています。

この実験は、過去の投稿情報や鉄道運行情報を富士通のクラウドサービス「SPATIOWL」上にある AI（機械学習）によって学習させ、現在の情報を SPATIOWL に送ることで、遅延時間をサーバー上で推論し、その結果を提供するというものです。予測結果は Android スマートフォン用のアプリを通して提供され、ユーザーが乗り換え情報を検索した結果の経路に遅延があった場合に表示されます。ユーザーはジョルダンライブのアプリから遅延予測の結果を知ることで、予定していたルートを変更したり、運転見合わせ時にはスムーズに振り替え輸送を行う路線に乗り換えたりと、状況に合わせて判断することができます。

ユーザーの反応が良好であったため、実験は予定よりも 1 か月延長されました。あくまで、予測機能の有効性などの検証が目的でしたが、富士通では実験の結果をもとに精度向上を目指し、正式なサービスとしての展開を計画しているようです。

ジョルダンと富士通による遅延予測システムの実証実験

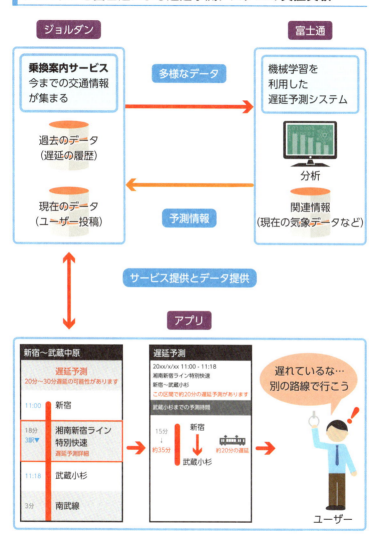

参考：AI技術を活用した列車遅延予測の実証実験を開始
(http://pr.fujitsu.com/jp/news/2016/07/19-1.html)

▲過去のユーザーからの遅延の投稿情報と鉄道運行情報という学習データを使って、機械学習が遅延時間を予測する。

016
在庫ゼロ！
スーパーが新鮮な商品だけになる

需要予測で物流コストや廃棄ロスを低減

　商品がどれだけ売れるかを正しく予測することは、小売店の利益率に直結します。それだけでなく在庫管理や物流など多くの経済活動にも影響を及ぼします。

　小売店やスーパーマーケットでは、在庫切れによる販売機会の損失や、過剰に仕入れた商品の在庫と廃棄などは大きな課題です。今までの種々の企業努力に加えて、機械学習を利用した需要予測を行うことで、こうした問題をより強力に解決できるかもしれません。従来も POS データ（売上データ）を利用したマーケティングは行われていましたが、そこから一歩進んで、需要予測や客層推移の予測を機械学習で進める企業が登場してきています。

　気象情報などを分析することで**食品の廃棄量を削減するために、機械学習を応用しようとする**プロジェクトもあります。このプロジェクトには日本気象協会と小売店などが参加し、気象情報や SNS の書き込みなどのデータを利用した、機械学習による消費者行動の分析が行われました。具体的には、POS データに気象データや SNS の投稿を高度に組み合わせて需要を予測し、季節商品の入荷数調整などに役立てます。この需要予測の結果、廃棄される食品が大幅に削減されました。また、通常よりも早い時期での発注が可能になるため、商品の輸送方法もスピード重視のトラックから、低コストの海上輸送に変更することで、物流コストの削減につながりました。

　ほかにも機械学習による価格決定からセール施策の立案など、小売業界での機械学習活用が進むと見られています。

機械学習による需要予測のしくみ

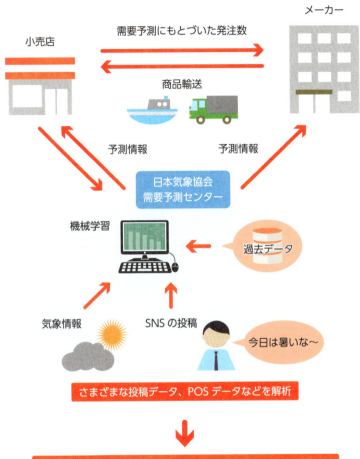

参考：いよいよ3年目へ！「天気予報で物流を変える」業界初の取り組み
食品ロス削減・省エネ物流プロジェクトが経済産業省の「平成28年度次世代物流システム構築事業費補助金」に採択されました
(https://www.jwa.or.jp/news/2016/07/post-000693.html)

▲小売店のPOSデータやSNSの投稿、気象情報などを組み合わせて分析し、**機械学習による需要予測**を行う。

017

ファッションの好みもお似合い度も AIにはわかる?

メガネのお似合い度を機械学習が判定

　洋服やアクセサリーを買うときに、選んだアイテムが自分に似合っているかどうか、人に確認してもらうことなく機械学習でわかったらどうでしょう。

　メガネショップ「JINS」は、「JINS BRAIN（ジンズ・ブレイン）」という、機械学習を活用したメガネのお似合い度判定サービスを提供しています。顔写真からメガネのお似合い度のスコアを算出して、ユーザーに似合うものを提案してくれるサービスです。このサービスを構築するために、JINSのスタッフ約3,000人が6万枚の画像を評価し、その結果を学習しています。これによって人間と同じような評価を機械学習が担えるようになります。

　ユーザーはオンラインショップで、パソコンやスマホから撮影した顔画像をアップロードします。その後メガネを選ぶと、機械学習によって導き出されたお似合い度スコアが表示されます。メガネのお似合い度の評価は、男性スタッフの評価をもとにした「男性型AI」と女性スタッフの評価をもとにした「女性型AI」から、別々に受けることができます。データを区別して異なる推論モデルを構築しているのでしょう。

　このシステムは独自の評価モデルを作る機能も搭載しており、機械学習を気軽に体験できるサービスとしても優秀です。このほかにも、アパレル各社から洋服のお似合い度判定サービスなどが登場しています。このようなサービスの登場で、**オンラインショッピングの体験向上や店頭に同一システムを導入しての人的コスト削減**が期待されます。

JINS BRAIN（ジンズ・ブレイン）のしくみ

JINS BRAIN
https://brain.jins.com/

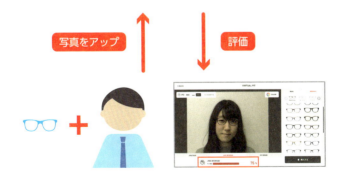

参考：世界初、人工知能によるメガネのレコメンドサービス「JINS BRAIN」提供 11/11 〜
（https://www.jins.com/jp/news/2016/11/jins-brain1111.html）

▲スタッフ約3,000人がおよそ6万枚の画像について、似合う／似合わないを評価。その結果を学習することで、ユーザーの顔写真とメガネの組み合わせについて評価を提供できる。

60分でわかる！ 機械学習&ディープラーニング 超入門　43

018
東大合格!?
試験問題をAIが攻略

東大合格を目指したAIのプロジェクト

　「東ロボくん」とは、AIによる東京大学の入試を突破すること
を目指した「ロボットは東大に入れるか」プロジェクトで開発した
AIの総称です。

　これは、**「AIが人間に取って代わる可能性のある分野は何か」**を
考えるための指標とすべく、国立情報学研究所が中心となって
2011年度に始めた研究プロジェクトです。2021年度の東京大学入
学試験突破が当初の目標でした。

　東ロボくんはロボットとはいっても、アニメに出てくるそれのよ
うに手足が付いているわけではなく、コンピューター上で動作する
プログラムです。東ロボくんは2013年度から模擬試験を受け始め、
順調に成績を伸ばしました。とくに数学や世界史、物理などでは高
い偏差値を示しています。これらの科目は、情報量や計算力がモノ
をいう科目だからです。一方で、国語や英語など、文章の意味を理
解したり問題文を読み解いたりする力が必要な問題は、得意ではあ
りませんでした。2016年のセンター模試における英語のリスニン
グは、偏差値36.2という結果でした。プロジェクトは、単純な記
憶や計算では優れるものの、言語理解に課題が残るというAIの可
能性と限界をそれぞれ同時に示したため、注目を集めました。

　本プロジェクトで証明された**「AIが得意なこと」を産業応用に
つなげていく一方、読解力というAIの課題が明らかになったこと
をきっかけに、人間の読解力の測定と向上に向けた研究も始まって
います。**

情報量や計算力がものをいう科目で力を発揮する「東ロボくん」

東ロボくんが数学の問題を解く流れ

▲数学の問題を解くには問題文をプログラムで実行可能な形式に変換する。そして数式処理のプログラムで計算処理し、最後に回答を自然言語に変換して、解答する。

東ロボくんのセンター模試の結果

5教科8科目の平均の偏差値は 57.1
全国 756 大学中 535 大学で合格率 80％以上と判定

【成績概要：2016 年度進研模試 総合学力マーク模試・6月】

国語	数ⅠA	数ⅡB	英筆記	英リスニング	物理	日本史	世界史B
49.7	57.8	55.5	50.5	36.2	59.0	52.9	66.3

出典：国立情報学研究所
センター試験模試 6 科目で偏差値 50 以上
2 年連続で世界史の偏差値が 65 突破／物理は偏差値 59.0 に大幅向上
論述式模試の数学（理系）は全問完全自動解答で偏差値 76.2 を達成
～ NII 人工知能プロジェクト「ロボットは東大に入れるか」～
(http://www.nii.ac.jp/userimg/press_20161114.pdf)

（情報量がモノをいう科目も得意）

▲数学や物理、世界史などでは好成績を収めるも、日本語や英語の読解問題では伸び悩んだ。「文の意味」は課題だ。

019

ECサイトがより快適に

ユーザーにとって役立つカスタマーレビューを目指す

オンラインショッピングで、商品を購入したユーザーの評価やクチコミを見て購入を判断するのは、今では当たり前のことです。ユーザーレビューの数で、その商品の売り上げが変わるといっても、過言ではありません。

世界最大のECサイトであるAmazonは、多くの分野で機械学習のしくみを活用しています。たとえば「この商品を見た人はこの商品も買っています」というような商品レコメンデーション（P.17参照）は、機械学習の成果を活用しています。顧客のサイトからの離脱を防ぎつつ、売上を維持するためには非常に重要なしくみです。同様のしくみには一緒に買われる商品を提案したり、この商品を見た人がほかに見ている商品の提案などがあります。ほかにも商品レビューの提示方法に機械学習の成果を応用するなど顧客の快適な買い物と売上増のために機械学習を活用しています。Amazonは他にもパーソナルアシスタントのAlexaや画像認識、音声認識などに機械学習を活用しています。ECサイトの周辺分野でも機械学習が有効なことを実証しています。

レビューの評価は、商品購入において重要な指標となるため、**5つ星レビューのねつ造などを排除し、信頼性の高い商品レビュー欄を構築しようという試み**も行われています。国内ECサイトで最大規模の楽天市場もサイト本体はもちろん、物流最適化などのさまざまな観点から機械学習活用を進めます。機械学習でますますオンラインショッピングが信頼できる便利なものになっていきます。

カスタマーレビューの進化

より優れたレビューを表示

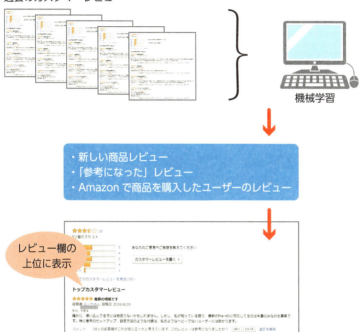

不正検知も期待される

▲レビューのねつ造などを見極め排除することにも、**機械学習の活用が期待されている。**

020
声の分析をビジネスチャンスに変える

コールセンター業務の効率化、顧客満足度向上へ

　企業のコールセンターには、さまざまな顧客からの問い合わせや要望が集まります。みずほ銀行では、機械学習のテクノロジーを導入することで、顧客からの問い合わせを、コールセンター業務の効率化や顧客満足度向上につなげています。

　みずほ銀行のコールセンターでは、問い合わせ内容を音声認識システムでデータ化します。次に、機械学習によって作成された推論モデルでデータ化した音声内容に応じた情報をオペレーターのモニターに表示します。オペレーターは、資料の用意の作業を大幅に効率化して、モニターに表示された情報にもとづいて、顧客に説明できるようになります。その結果、質問に対して迅速に回答することができるようになり、1件当たりの対応時間を短縮させることができました。**人の仕事に機械学習の技術を組み合わせた効率化**です。

　日立製作所の「音声データ利活用ソリューション」は、顧客の声を情報源に商品の改善などに役立てる技術です。

　このシステムは、録音された音声データを機械学習によって分析し、声の大きさや高さ、速度という、非言語情報を抽出する機能を備えています。声から抽出した非言語情報によって、言葉を文字情報として処理するだけではわからないことを、分析やマーケティングに活かせます。やがては話者の感情を細かに推論して分析に活用できるようになるかもしれません。このように、機械学習を用いたシステムは**音声の活用など人間なしには難しかった業務の一部をより効率的に代替できます**。

音声データ利活用ソリューション

顧客への応対時間を 15% 削減！

参考：― IBM Watson の活用および画面刷新を通じて、応対時間 15% 削減を実現―
〈みずほ〉が、コールセンター再構築でカスタマーサポート表彰「特別賞（IT 活用賞）」を
受賞（2016 年 8 月 2 日）
(https://www.mizuho-ir.co.jp/company/release/2016/itaward0802.html)

参考：「顧客の声」を分析し、企業の課題解決を支援する「音声データ利活用ソリューション」を
販売開始（2016 年 3 月 23 日）
(http://www.hitachi.co.jp/New/cnews/month/2016/03/0323.html)

▲声の認識とデータ化のビジネス活用も機械学習なら可能だ。

021

野菜を商品ランクごとに
自動仕分け

手作業で行っていたキュウリの仕分けを自動化

　機械学習は、IT に限らずさまざまな産業において、その活用が進められており、農業の分野も例外ではありません。キュウリ農家の小池誠さんは、機械学習のしくみを収穫したキュウリの仕分け作業に活用しています。

　小池さんの畑では形や色、つやなどによってキュウリを 9 段階に分類しており、繁忙期にはこの分別作業だけで大変な労力を使っていました。そこで、この仕分け作業を自動化するために、Google が提供する機械学習ライブラリ「TensorFlow」を使ったシステムの開発に着手しました。

　開発された「キュウリ仕分け機」では、仕分け機に載せたキュウリの画像を、学習済みのコンピューターに送ります。ディープラーニングによって獲得した推論モデルでコンピューターがキュウリの等級を判断して、自動仕分け機のシステムに結果を伝えます。あとは仕分け機がベルトコンベアを動かして、該当する等級の箱にキュウリを自動で振り分けてくれます。機械学習の学習データとして小池さんは、約 7,000 枚のキュウリの画像を用意し、コンピューターに読み込ませて判断ルールを作成しました。

　現時点では、その精度は 70％程度ですが、学習データを追加していくことやチューニングで、精度を向上させることが可能と思われます。**個人での開発のため、ハードウェアのスペック不足による処理の遅さなどはあるものの、明確な目的と技術があれば小規模でも機械学習が有効なことを示しました。**

「キュウリ仕分け機(2号)」のしくみ

▲小池誠さん制作「キュウリ仕分け機2号」。右側の機械にキュウリを置くと、コンピューターが読み取って判別し、自動的に下のベルトコンベアに落とされ、判別結果によってそれぞれの箱に仕分けされるしくみだ。

▲小池さんの畑では、形の良さやイボが残っているかどうかなど、さまざまな面から判断し、キュウリの等級を9段階に分類している。

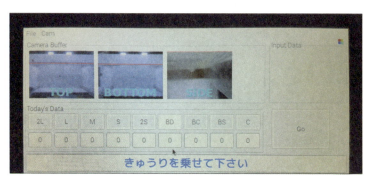

▲仕分け機に載せたキュウリの画像を、複数の角度から判断し等級を決定する。

022

スポーツ選手・熟練職人の技能を機械学習が超える!?

人の動きや仕事を機械学習で分析

　機械学習の手法は、スポーツ選手や熟練職人など、特別な技術の**分析**や**習得**にも有効です。サッカーやバレーボールなどで試合中の選手の動きを分析し、結果につなげる試みが行われています。

　2013年からＳＡＰ社と協力して、相手の分析などに機械学習のテクノロジーを取り入れてきたドイツのサッカー連盟は、ユーロ2016に向けて2つの新しい技術を開発しました。1つは、**対戦相手のデータにもとづいて戦術的特徴を提供**するシステムです。相手の特徴を知ることで、監督やコーチはゲームプランを練ることができ、選手も相手チームの戦いをイメージすることができます。もう1つは、参加する全チーム全選手のペナルティーキックに関連したシステムです。ペナルティーキックを蹴る可能性がもっとも高い5人の選手について、その選手がよく狙う方向やペナルティーキックの動作的特徴を知ることができます。

　機械学習のしくみを取り入れた産業ロボットも開発されています。産業ロボットがある作業を行うためには、その作業を実際にロボットで行い、それを人がプログラミングしていました。この「ティーチング」という特殊なプログラミングを行うには、機械やロボットの動作に関する専門知識が必要で、特別な教育を受けた熟練技術者が必要でした。ファナック社は、機械学習を利用した産業ロボットを開発し、ティーチングの自動化に成功しました。このロボットは、熟練技術者でも数日間かかるティーチングを、はるかに短時間で完了できます。

機械学習はスポーツや工業の技術にも応用できる

サッカーでの機械学習の活用

参考：SAP、ユーロ2016でサッカードイツ代表を支える新技術を発表
(http://news.sap.com/japan/2016/06/10/)

従来は人が映像を見て傾向と対策を考えていたが、機械学習を活用すれば膨大なデータから特徴をあぶり出し、有効な対策に結び付けることができる。

産業用ロボットによるティーチング

今までは…

機械学習を活用すると…

ティーチングの効率化・短時間化を実現

参考：FANUC NEWS 2016-Ⅰ
(http://www.fanuc.co.jp/ja/profile/news/pdf/fanucnews2016i.pdf)

▲ファナックの産業用ロボットは、熟練の技術者であっても数日かかるといわれるティーチングを、人間よりもずっと短時間でこなしてしまう。

023

オフィスが自動で快適&省エネ化

建物の最適なエネルギー管理が可能に

　省エネ化を実現するための技術として、ビルの電力需要を予測し最適なエネルギー管理を行うシステムが人気です。この分野の技術開発でも機械学習は欠かせません。

　建物のエネルギー管理では、省エネ性能を高めるだけでなく、太陽光発電を利用したり、発電した電力を貯蔵して効率よく利用したりするなど、さまざまな設備を統合的に管理し、最適な運用をすることが求められています。天候や人の動きに合わせて変化する電力需要を考慮しながら、建物全体のエネルギーの供給管理を行わなければなりません。安藤ハザマの「AHSES」システムでは**機械学習を活用して、人の動きなどの建物の利用状況や気象情報などのデータから電力需要を予測する**ことができます。予測にもとづいて最適な運用計画を作成し、発電設備や蓄電設備を制御して電力を抑え、電気料金を下げます。

　エネットは、**気象情報と電力のデータを機械学習によって解析し、最適な省エネ対策を提案**するシステムを開発しました。電力会社から提供される「スマートメーター」からのデータを活用するため、建物に新たな機器の導入なしで、省エネ施策を実施できます。法人向けの省エネサービスでは、すでに機械学習の活用は当然になっています。

　建物のエネルギー管理システムに機械学習を活用することで、快適かつ大幅な省エネルギー化が進むと考えられています。とくに工場や大規模オフィスでは有効でしょう。個人向けにも今後このようなサービスがIoTデバイスなどを介して広がっていく見込みです。エネルギー問題解決に機械学習が一助となることが期待されます。

省エネを機械学習で達成

AHSESシステムによる電力需要の予測

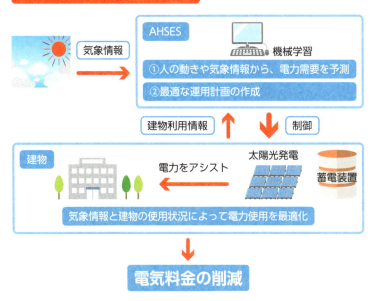

参考：AI（人工知能）を活用した スマートエネルギーシステム（AHSES）を開発
－スマートな分散型エネルギーシステムの運用を実現－
(http://www.ad-hzm.co.jp/info/2016/pre/20161122.html)

空調設備も機械学習に合わせて進化

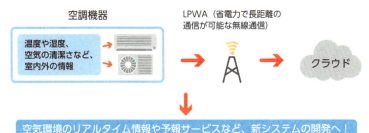

参考：LPWAを活かした空気にまつわる新たな価値づくりの取り組みについて（2016年11月15日）
(http://www.daikin.co.jp/press/2016/161115_2/index.html)

▲空調機器が常時ネット接続可能になれば、ますます分析と効率化が進む。

024

異常を「事前察知」で徹底回避

3つの異常検知方法

　製造業やエネルギー産業の企業にとっては、機械設備を正常に保ち、生産を継続することが非常に重要です。その方法として、機械の状態を知るためのセンサーを取り付けている企業があります。ここから収集したデータをもとに機械設備の異常を発見できるシステムを開発しており、それらのシステムには機械学習が活用できます。

　これらのシステムでは、**センサーから収集した正常なパターンを学習することによって、現在のデータを解析し異常かどうかを判断**します。正常かどうかを判断する方法には、3種類あります。1つ目は、「**外れ値**」を検知する方法です。データを分析して、正常値の範囲から大きく外れている値が出れば、「ハズレ（異常）」とみなします。2つ目は、「**変化点検知**」と呼ばれる方法です。時系列に沿って整理されたデータから、データの動きのパターンが大きく変化している場所を検知します。3つ目は、「**異常部位検出**」という手法です。たとえば時系列データを同じ時間幅で少しずつずらしながら複数に分割し、分割した区間内の点どうしの距離が著しく離れた時間区間があれば、異常と判断します。機械学習全般にいえることですが、これらの方法においても時系列に整理したデータを学習データと検証用データに分け、学習データから正常状態の特徴を見つけます。検証用データが正常状態の特徴と、どれだけ異なっているか（非類似度）を調べることで、異常かどうかを判断します。そのためセンサーの正しい設置やデータ収集が重要です。工場の監視以外にもさまざまな異常の検知に機械学習は有効です。

異常を事前察知する方法

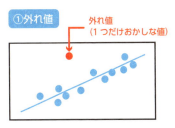

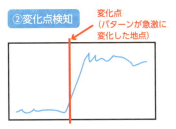

正常な状態の値から大きく離れている値を、「異常」と判断する

過去の状態と比べて、大きく変化した箇所を「異常」と判断する

③異常部位検出

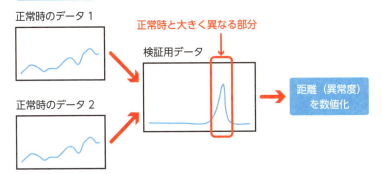

正常な状態の値から大きく離れている値を、「異常」と判断する

各手法の応用例

●**外れ値**:
為替レートの急激な変動を察知する

●**変化点検知**:
検索エンジンでの、特定キーワードの検索数の急な推移を調べる

●**異常部位検出**:
心電図データから不整脈の部分を異常部位として検出する

▲機械学習を導入して、このような方法で「異常」をいち早く察知し、対処できるようになる。設備の維持管理などに応用される。

025

経費の不正を一発探知?
怪しい社員をあぶりだす

不正会計の予測と防止

　アメリカのクレジットカード会社や銀行では、機械学習のしくみを、オンライン決済などにおける不正取引の予測と防止に活用しようとしています。イギリスの研究機関によると、機械学習を活用することで世界の金融サービス会社が、100億ドル以上の経費を削減できるとしています。

　組織内の経費の不正流用には大小さまざま、政府から民間に至るまで存在し、ときおり新聞などを騒がせる事件となっています。機械学習を導入し、**コンピューターに社内の経理データを読み込ませて、正常な状態とは異なるパターンを見つけ出すことによって、社内の不正な経費を発見することができる**技術の研究が進んでいます。コンピューターは不眠不休ではたらいてくれますし、判断のブレや買収もなく、不正を見落とす確率も人間より低いです。

　会計監査の品質管理を高度化するために、機械学習を用いて不正会計を予測しようという動きもあります。新日本監査法人では、機械学習を活用した、不正会計を防ぐための監査システムの開発を進めています。「不正会計予測モデル」と呼ばれるこのシステムでは、過去に重要な虚偽表示があった財務諸表の特徴を学習して、虚偽表示などの不正会計が起きるリスクを予測することができます。この不正会計予測モデルによって、上場会社での会計監査による虚偽表示のリスク低下が期待されます。

　高度な知識や経験が必要な不正会計の発見や、企業監査の世界にも、機械学習の活躍の場が広がっています。

機械学習を利用した会計監査の流れ

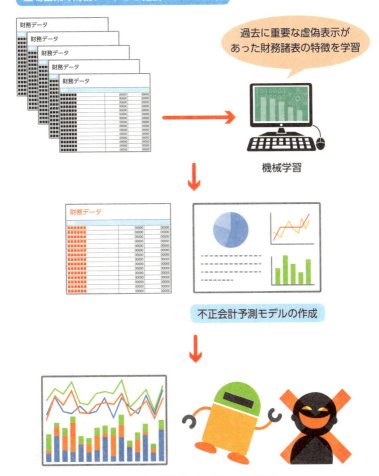

参考：不正会計予測モデルを用いた監査の品質管理の強化について
（https://www.shinnihon.or.jp/about-us/news-releases/2016/2016-06-22.html）

▲過去の財務データから虚偽表示のパターンを見つけ出し不正会計予測モデルを作成することで、虚偽表示のリスク低下に役立てる。

026

違法な画像やコメントを一掃する

サイトに合わせた細かな設定が可能なフィルタリングシステム

SNSサイトなどのオープンなWebサービスにとって、不適切なコンテンツへの対応は避けて通れない問題です。わいせつ画像、詐欺サイトや他社への誹謗中傷など、ネットには有害なコンテンツが数多く存在しています。

投稿されるコンテンツのチェックは、人の目によって行われてきましたが、GoogleやFacebookでは、機械学習による対策を進めています。このような不適切な画像を識別して排除する自動フィルタリングシステムが多くの企業で開発されています。たとえばNTTコムウェアのシステムでは、**画像に対して「適切」「不適切」といった単純な判定だけではなく、年齢別レーティングなど複数の段階を設定した分類を行うことができます**。分類のための基準も、サービス運営者が自由に設定できます。一般的に機械学習の認識精度を高めるには、大量の学習用データとシステムのパラメーターのチューニングが必要ですが、このサービスでは少量の学習データからでも高精度の分類が可能になります。

画像検出だけでなく文章の評価も機械学習で行えます。クーロン社が開発したコメントシステムは、文章の内容や用語を機械学習で判別し、不快なコメントを拒否する機能を備えます。利用者が書き込んだコメントの中身を機械学習によって判断・分類し、フィルタリングします。コメントを単に禁止用語ではじくより柔軟な対応が期待でき、人件費を削減できます。すでに「ねとらぼ」や「東洋経済オンライン」に導入されています。

自動フィルタリングシステムで安全に

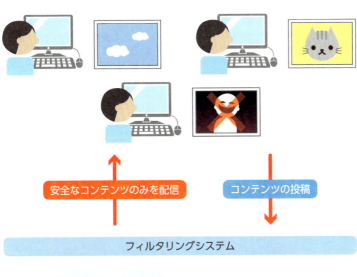

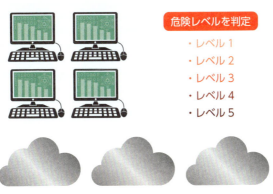

参考：不適切コンテンツの自動フィルタリングシステムのトライアルを開始
－DeepLearning技術を活用して人間の感性に近い判定が可能に－
(http://www.nttcom.co.jp/news/pr15020901.html)

▲自動フィルタリングシステムでは、「適切」／「不適切」の単純な判断だけでなく、いくつかの段階を設定したコンテンツの分類が可能。

027
ビッグデータと機械学習で交通安全

カーナビのデータから急ブレーキ多発地点を特定し交通事故防止に

交通安全対策に力を入れている埼玉県では、交通事故を減らすためにホンダと協力して、機械学習やビッグデータを活用した交通安全の取り組みを進めています。

この取り組みでは、ホンダのカーナビゲーションシステム「インターナビ」で記録したデータをもとに、急ブレーキを踏みやすい場所を特定し、道路の安全対策を進めました。たとえば、飲食店の駐車場の出入り口付近で視界を遮っている街路樹を剪定して視界をよくしたり、注意喚起の路面標示を行ったりします。この取り組みについて朝霞県土整備事務所管内で行ったテストで、大きな成果が得られたことから、取り組みを全県に広げ、平成23年度までに160か所で安全対策を実施しました。その結果、急ブレーキが約7割、人身事故も約2割減りました。

危険な運転そのものを察知する試みも行われています。NTTコミュニケーションズと日本カーソリューションズは、機械学習によってドライバーの危険運転を自動検知できるシステムを開発しています。このシステムでは、ディープラーニングを活用して、車載器が記録した映像データから「車両と接触しそうな場面」などを抽出します。実験では、約85%の確率で危険な場面を察知することに成功しました。実験の対象となった場面以外に、交通ルールの不履行などの映像データを含めた分析も進められており、今後はさまざまな危険運転防止策への応用が期待されます。このようにデータや機械学習は、交通安全にも役立っているのです。

ビッグデータ・機械学習を交通安全に役立てる

危険地点の特定

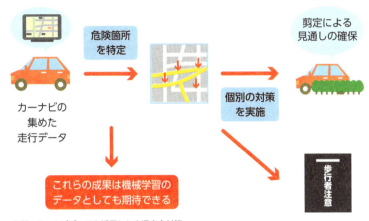

参考：カーナビデータを活用した交通安全対策
(https://www.pref.saitama.lg.jp/a1004/dousei1006/dousei068.html)

危険運転の自動察知

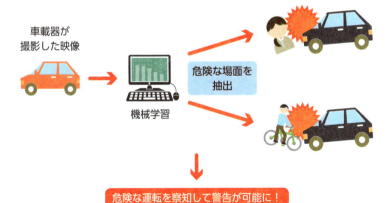

参考：人工知能 (AI) を活用した危険運転の自動検出に成功
(http://www.ntt.com/about-us/press-releases/news/article/2016/20160926_2.html)

▲機械学習が安全運転指導に欠かせない。ビッグデータや機械学習のテクノロジーを駆使すれば、交通事故のない社会も夢ではない。

028

牛×センサー×機械学習の酪農革命!

酪農家にとって最大の課題「繁殖」も機械学習で克服!?

モノとインターネットをつなぐ「IoT」の技術を最大限活かすためには、機械学習が欠かせません。IT企業や大規模工場だけでなく、酪農にも「IoT×機械学習」の波が来ています。酪農家にとって雌牛の発情を知ることは大変な仕事でした。雌牛の発情は、周期や機関の都合で把握が難しくタイミングを知るために、酪農家は自分の牧場にいる何百頭もの牛を監視しなければなりませんでした。機械学習のしくみを活用することで、雌牛の発情を検知できます。

あらかじめコンピューターに**「雌牛が発情すると歩数が急増する」という、牛の習性に関するデータを学習**させます。そして、インターネットに接続したIoT歩数計を雌牛に装着し、毎日の歩数を計測して、そのデータをクラウド上のAzure Machine Learningシステム（P.124参照）に送信します。機械学習によって生み出されたモデルから雌牛の動きを監視し、**歩数が急増すると雌牛が「発情した」と判断**して、畜産農家にメッセージを送ります。そのメッセージを受け取った酪農家は、適切な時期に人工的に種付けを行うことができるようになり、負担が減りました。

富士通によると、このシステムを導入した11軒の畜産農家では食肉用黒毛和牛の増産により、年間で1軒あたり平均約1,000万円の増収となりました（1頭あたり平均35万円）。

このシステムはさらに雌牛の病気の発見にもつながっています。計測している歩数のパターンから、数種類の牛の病気を検出できたのです。機械学習だからできた発見です。

牛の監視システムで効率化

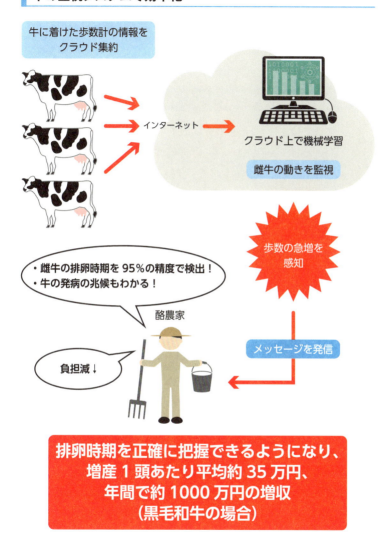

参考：牛歩 SaaS
(http://jp.fujitsu.com/solutions/cloud/agri/ja/gyuho.html)

▲モノとインターネットをつなぐ「IoT」と組み合わせることで、あらゆる産業に機械学習を活用することが可能になる。

029

超高速・超高精度のAI金融時代

身近になった機械学習による投資支援

　金融業界では、IT技術を取り入れた金融サービスや金融技術を指す「FinTech（フィンテック）」が話題です。その1つに、機械学習を利用して投資の支援を行う「ロボ・アドバイザー」というサービスがあります。かんたんな質問に答えると、機械学習による投資のポートフォリオ（金融資産の組み合わせのこと）を紹介されます。

　コンピューターを駆使した、分析（データ分析）による運用を行うファンドのことを、「クオンツ・ファンド」と呼びます。アメリカのツーシグマ・インベストメンツは、**財務データのほかにWeb上の投稿など、ありとあらゆるデータを活用して、機械学習による資産運用を行っています**。相場を左右するデータを的確に分析したいというニーズに機械学習は合致します。

　同社は「超高速取引」を行う企業としても有名です。超高速取引とは、**機械学習などのテクノロジーを活用して市場予測を行い株式を自動売買することで、1回の取引をたったの0.001秒程度で完了**する技術のことです。

　確かなデータにもとづいて、人間では考えられないようなスピードで株の売買をくり返すため、多くの利益を上げることが可能です。

　このように、機械学習と金融データを活用した分析力や、高速で取引を行うスピードなどは、人間の力ではとても太刀打ちできないものとなりつつあります。トレーダーをAIで置き換える企業も登場し、金融の世界では、すでに機械学習が人間に取って代わりつつあるといえるでしょう。

金融業界での機械学習の応用

ロボ・アドバイザー

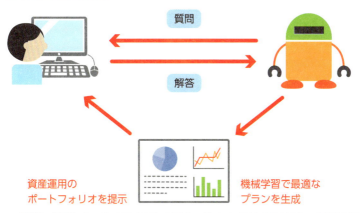

▲「投資一任型」のロボ・アドバイザーの場合、ポートフォリオに同意すると、その後の運用を自動で行ってくれる。

クオンツ・ファンドの技術

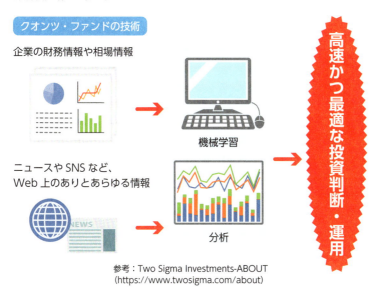

参考：Two Sigma Investments-ABOUT
(https://www.twosigma.com/about)

▲クオンツ・ファンドでは、数学的モデルを利用して、さまざまなデータから最適な投資判断を導き出し、運用する。

030
手書き文字も認識
OCRでサクサクデータ化

画像認識で進歩する機械学習

手書き文字や印刷物をテキスト化する「OCR（Optical Character Recognition: 光学文字認識）」の技術は、すでにさまざまなソフトを通して利用されていますが、実はOCRでも機械学習の技術が使われています。

文字の認識はどのように行われているのでしょうか。話をかんたんにするため、ここでは白い紙に書かれた黒い文字を認識する場合を例に、解説します。白黒の手書き文字を認識する場合、同じ字を書いたさまざまな手書き文字の白黒画像と、その画像が何の文字であるかという情報を用意して、コンピューターに学習させます。そして、コンピューターが、画像からその文字の特徴を抽出していきます。代表的な方法では、文字内に存在する線の向きや長さを特徴として数値化し、その一致度を計測します。

ディープラーニングでは、たとえばひらがなの「あ」を学習する場合、**たくさん手書きの「あ」の画像を読み込み、画像をいくつかのマス目に分割**します。それぞれの画像から黒が出現しやすい場所や位置関係のようなものをコンピューターが覚えて、新しく入力された手書き文字のデータに対して、この字は「あ」の特徴を持った字であると判断することができるようになります。「黒いデータが縦横ななめにならんでいる」といった特徴を見つけ出すのです。従来の方法では、特徴抽出の部分を主に人間がプログラムしていましたが、ディープラーニングの登場により、最近では特徴抽出からすべて機械学習で行うのが、一般的になりつつあります。

機械学習による文字認識のしくみ

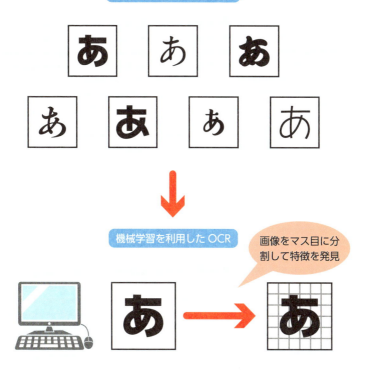

▲数多くの文字を学習することで認識精度が上がり、文字が多少崩れていても、認識できる可能性が高くなる。

031

テロを未然に防ぐ監視システム

認識率99.7%の精度を持つ顔認証システム

　2020年の東京オリンピックに向けて、日本を訪れる外国人観光客やビジネスパーソンが年々増えています。その出入り口となる空港などでは、防犯やセキュリティ体制の強化が求められます。NECは、成田国際空港の職員検査場で、「ウォークスルー顔認証システム」の実証実験で機械学習を活用したシステムを披露しました。

　ウォークスルー顔認証システムには、NECの顔認証エンジンである「NeoFace」が使用されており、カメラの前を通り過ぎる際に、顔による本人照合が行われます。そしてゲートで読み取られたＩＤカードと一致することが確認されるしくみになっています。

　顔認証システムでは、**手書き文字を読み取るOCR技術を応用して、目や鼻などの位置情報を検出し、データベースの顔写真と照合**します。照合の結果、一定の類似性が認められれば、同一人物と判断されます。従来は正面写真でなければ十分な認識が行えませんでしたが、データベースの写真を立体加工することで、横顔での照合も可能になっています。また**マスクやサングラスなどを付けている場合でも、露出した部分を照らし合わせて照合が可能**です。

　この顔認証システムは、機械学習によって「1対1顔認証」では、99.7％という世界一の精度を記録しています。「1対1顔認証」とは、顔写真と目の前にいる人の顔を照合して同じかどうかを判別するものです。現在は日本だけでなく、アメリカの犯罪捜査や、香港の出入国管理など、世界の20以上の国と地域で利用されています。人件費の圧縮や常時監視の実現が期待されます。

ウォークスルー顔認証システムでテロを未然に防ぐ

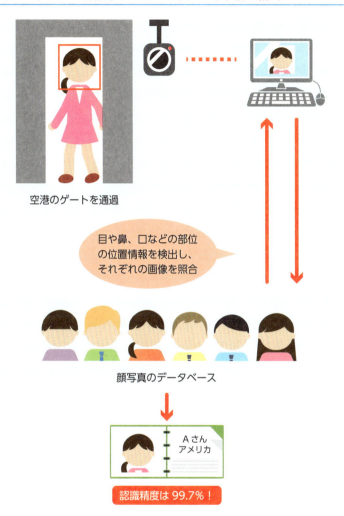

参考：NECと日本信号、成田空港で先進技術を活用した空港従業員向け
セキュリティ検査の実証実験を実施
〜ウォークスルー顔認証と爆発物探知の効果・課題を検証〜
http://jpn.nec.com/press/201606/20160607_02.html

▲監視カメラに映った人の顔を認識して顔の特徴を抽出し、データベースの画像と照合。
高い認識精度で、マスクをしていても整形手術をしていても、ある程度までは認識可能だ。

Column

Google翻訳を支える機械学習

　Googleの自動翻訳はその制度の高さから注目を集めています。かねてより自動翻訳は技術的には難しいものです。その原因は、2つの国の言葉（たとえば日本語と英語）でも、単純に言葉を置き換えただけでは正しい文章にならない点にあります。たとえ1つの単語であっても、出現する場所や、あとに続く言葉によって意味が変わります。文法が違えば、言葉の並び順も変わります。

　こうした自動翻訳の精度を上げるため、Googleではディープラーニングの活用を始めました。これまでは、入力された文が単語やいくつかのまとまりに分けられて、バラバラに翻訳されていました。しかしディープラーニングを使ったGoogle翻訳では、入力した文章を丸ごと1つの「まとまり」として扱います。そして文の前後関係を把握して、正確な訳語の候補を見つけ出してから、語順を変えて翻訳文を調整します。その結果、単語をただ差し替えただけのたどたどしい以前のものよりもはるかに正確な翻訳が行えるようになり、現在では文法的に正しい人の言葉に近い翻訳になっています。しかし固有名詞や珍しい言葉についての間違いはあり、人間の翻訳に近づいてはいますが、まだまだ課題もあるようです。

Google翻訳（https://translate.google.co.jp/）

▲Google翻訳の進歩は、ディープラーニングの潜在能力を実感するのにうってつけの身近な事例だろう。スマートフォン用のアプリには、文書の画像を撮影すると、瞬時に翻訳結果を表示する機能が搭載されている。

Chapter 3

そうだったのか！
機械学習のしくみ

032

機械学習は何のためのもの?

目的が大事！機械学習を正しく使う

　機械学習は、主に以下のような目的で利用されます。1つ目は、**データを分類すること**。データ（学習データ）から導き出したモデルに従って、データを自動で分類します。最近では、人が扱いきれない膨大なデータ（ビッグデータ）からの知見の獲得への有効性が判明してきました。2つ目は、見つけ出したルールから未来を**予測すること**。株価の予測や商品の需要予測といった用途に活用されています。3つ目は、**データの最適化**。たとえばデジタル広告で、対象の興味・関心に合わせて最適な広告を配信する手法などに用いられています。4つ目は、対象を**認識すること**。画像認識や音声認識の手法がこれに当たります。

　機械学習を実際のビジネスに活用する場合、まずは「何をしたいか」を明確にすることが重要です。現在抱えている課題が、機械学習によって解決されるかどうかを見極なければなりません。そして機械学習に何をさせようとしているのか、得られた結果をどのように応用していくのか、例外が出てきた場合どう対処するか、などの計画を立てておくことが大切です。

　機械学習は優れた技術ですが、結局のところ、ビジネスツールの1つにすぎません。役に立つかどうかは、使い方次第だといえるでしょう。第3章では、実際にさまざまな分野で活用されている、機械学習の手法について紹介します。機械学習を、自分のビジネスにどのように活かすことができるかの参考にしてください。

機械学習の主な目的と活用方法

機械学習を導入する主な目的

目的	活用例
データの分類	属性などによる顧客のグループ分け
未来の予測	売上や株価の予測、設備の異常検知など
データの最適化	検索エンジンの表示順位、デジタル広告のターゲティングなど
対象の認識	画像認識、音声認識

機械学習を有効に活用するには?

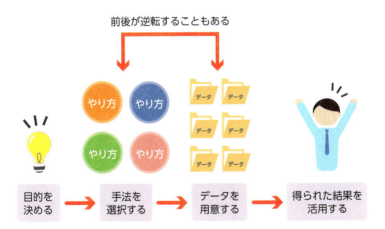

▲機械学習をビジネスに活用するには、目的の設定が重要。目的に合った手法の選択と、目的に合ったデータを集めることが、結果につながる。

033

機械はどうやって考えているのか

機械学習の元祖「パーセプトロン」

　機械学習では一定のルール（手法、アルゴリズム）に従ってデータを処理しています。機械学習を可能にするアルゴリズムの1つに、「神経回路網的アプローチ」という手法があります。文字通り人間の神経回路を模倣して構築されたアルゴリズムです。

　神経回路網的アプローチの最初のモデルは「形式ニューロン」といい、人間の脳の最小単位である「ニューロン」のしくみを真似しています。形式ニューロンをもとに考え出されたのが「**パーセプトロン**」で、このしくみを応用するとスパムメールの判定など、初歩的ながらも機械学習が可能になります。

　当初パーセプトロンは、ある基準によって情報を2つにしか切り分けられませんでした。しかし、パーセプトロンを多層化して、学習のアルゴリズムにも工夫が凝らされた結果、もっと複雑な情報を処理できるようになりました。

　パーセプトロンを参考にして、発展的に生まれたのがニューラルネットワークです。ニューラルネットワークでは、学習によって形式ニューロンどうしの結合の強度を変化させるなど、あたかも考えているかのように情報を処理するように進化しました。

　ニューラルネットワークをより何重にも多層化したものを**ディープラーニング**と呼び、データの特徴をコンピューター自身で発見できるようになりました。最初はごくシンプルな能力しかなかったアプローチですが、現在は強力に機能し、広く使われています。

人間の脳を真似した機械学習の構造

人間の脳を模倣した形式ニューロン

● ニューロン

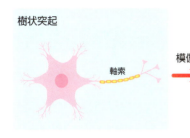

樹状突起に入力された情報を、軸索を通して隣のニューロンに出力

● 形式ニューロン

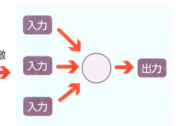

「0」か「1」を入力して、「0」か「1」を出力することで、さまざまな計算処理を行う

形式ニューロンを2層にしたパーセプトロン

1層目で入力データから直接抽出できる特徴を算出 → 2層目で特徴を組合わせることによりさらに複雑な特徴を算出

スパムメールの判定など初歩的な機械学習が可能になった

▲単純なしくみに見えるかもしれないが、パーセプトロンはこれだけである程度の機械学習が行えた。

034

絶対に欠かせないデータ

学習データの質が精度を左右する

機械学習には、十分な量のデータ（学習データ）が必要です。学習データが足りないと予測の精度などに問題が生じ、実用に足るシステムが作れません（P.22参照）。インターネット上には、機械学習システムのためのさまざまなサンプルデータ集があるので、機械学習を手元で少し試すだけならこのデータでかんたんにできます。

しかし、**実際のビジネスに使える機械学習システムを作るには、そのためにデータを集める必要があります。**ここで収集するデータは最適なものでなければいけません。たとえば人の顔を認識する機械学習システムを構築する場合、システムをSNSの写真認識で使うのか、空港や企業の入出管理に使うのかによって、用意するデータは異なります。実現したいシステムの特性によって扱うデータが変わるため、必要な学習データも変わります。十分なデータを収集するには、時間や費用がかかります。

収集するデータは、学習に適したものでなくてはいけません。学習データの難易度も考慮する必要があります。顔認識システムを考えた場合、学習データが正面のアップの顔写真ばかりでは、横顔なども入り得る本番のデータをうまく分類できない可能性があります。逆に、顔が隠れすぎている画像データが含まれていると、認識率が下がることもあります。機械学習をビジネスに活用する場合、学習データの収集は、プログラムや学習方法の選択と同じくらい重要です。データを集めるだけでなく、「前処理」と呼ばれるデータの整理も重要です。データの正しい取得・管理が機械学習には必須です。

3

そうだったのか！　機械学習のしくみ

機械学習に欠かせないデータの重要性

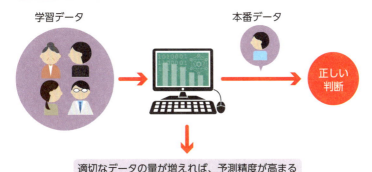

▲実用水準のデータを用意するためには、膨大な時間やコストが必要になることもある。自社にそれだけのデータが蓄積されているかどうか、あるいは収集できるかどうかが、機械学習導入を判断するポイントになる。どんな業種でどんな用途に機械学習を活用する場合でも、まずは「データを取得するしくみ」を整備することが大切だ。

035

機械はどのように
データを分類しているか

機械学習はどこかに特徴を見つけて分類する

　機械学習でデータを分類する方法はいくつもあります。わかりやすい迷惑メール判定を例に説明します。迷惑メールか判定する場合、メールに含まれる単語に注目する手法があります。メール中の単語を分析し、迷惑メールとされるデータには「至急」、「特価」、「セール」などの言葉が含まれていたとします。これらの言葉を使って分類していきます。この分類に利用する情報を「**素性**」といいます。

　しかし、単純にこの素性（「至急」などの言葉）で分類するわけにはいきません。通常のメールでも、こうした言葉が出現する可能性があるからです。通常のメールの素性も調べて区別できるようにする必要があります。そして、取り出した素性に点数（「**重み**」と呼びます）を付けます。たとえば、通常のメールに含まれる頻度の高い素性には「+1」、迷惑メールに出てくる素性には「-1点」、どちらの場合もあり得る素性には「0」、迷惑メールによく出てくる素性なら「-2点」などと、頻度によって点数を変えます。実際にメールを分類する段階では、この素性の出方をもとにメールに点数を付け、たとえば0点以下のメールは「迷惑メールである」と判断します。

　こうした迷惑メールの判定に使われているのが、「**ナイーブベイズ**（単純ベイズ分類器）」という**アルゴリズム**です。ナイーブベイズは「**ベイズの定理**」という確率の概念を持ち込んでいる点が特徴で、主にテキスト分類に使用されます。迷惑メール判定のほかにも、Webの投稿記事のタグ付けなどにも活用されています。画像の分類方法については、P.12やP.36で解説しています。

機械学習による迷惑メールの振り分け方法

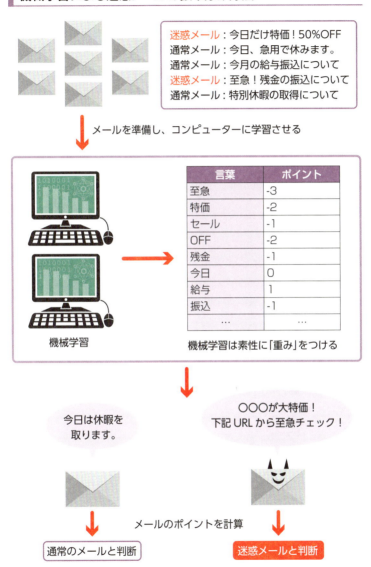

▲出現する確率の違いを利用して判別するナイーブベイズは、頻繁に活用される**機械学習**の手法であり、応用範囲も広い。

036

人間には見えず、 機械には見える関係性

価値ある共起関係を見つけ出す

　機械学習では、大量のデータの中から有益な情報を探し出すことができます。ある項目と別の項目の間に共起関係（2つの事象が互いに関連し合っていること）を見つけ出すことを、「**アソシエーション分析（共起分析）**」といいます。この手法は、商品のようなカテゴリーどうしのデータを分析することに適しており、単純な集計以上の結果を得ることができます。買い物データの分析などに用いられるので、「マーケット・バスケット分析」と呼ばれることもあります。

　アソシエーション分析では、データの中から、頻繁に同時に起こる事柄の共起関係を調べ上げ、最終的には設定された期待値以上の共起関係があるものを見つけ出します。

　共起関係を機械学習（およびその他のデータ分析）で説明する際の例に多く用いられるのが、「おむつビール問題」です。アメリカのあるスーパーマーケットのPOSデータを分析したところ、「おむつを買った人は、ビールも買っている」という傾向が判明しました。どうやら、赤ちゃんのおむつを買いに来た父親が、一緒にビールも買って帰ることが多いということが分析で明らかになったのです。そこで一見関係のないその2つを並べて陳列したところ、いずれも売上が上がったという話です。

　明らかな関連性を見つけ出すことは、人間でも可能です。しかし機械学習を活用することで、**共起関係を学習させて推論に応用**したり、**より効率的に大量のデータを継続的に分析**したりといったことが可能になり、共起関係を活用できる可能性が高くなります。

アソシエーション分析による共起関係の発見

POSの購買記録

購入者	購入品1	購入品2	…
A	おむつ	ビール	…
B	おむつ	粉ミルク	…
C	ビール	おむつ	…
D	ビール	おつまみ	…
E	おむつ	たこ焼き	…
F	おむつ	ビール	…

おむつを買った人はビールを買う傾向が高い

データ分析 → 共起関係の発見

共起関係をどう見るか？

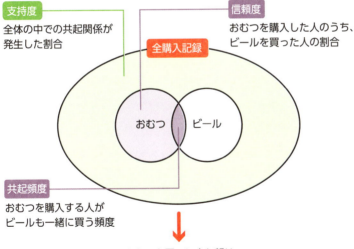

支持度
全体の中での共起関係が発生した割合

信頼度
おむつを購入した人のうち、ビールを買った割合

共起頻度
おむつを購入する人がビールも一緒に買う頻度

おむつを買いに来た親はついでにビールも買っていると予測

ビジネスにおいては「共起関係の高さ」と「共起関係の発生頻度の高さ」も重要

▲ 「おむつとビール」の例のように、アソシエーション分析を使うことで、人間では発見できないような隠れた共起関係を探し出すことができる。データからビジネスに役立つ情報を得られることも、機械学習のメリットの1つだ。

037

なぜ機械学習は
未来を予測できるのか

データを分けて分析すると未来が見える

　金融などの分野を中心に、機械学習による（未来）予測に期待が集まっています（P.66参照）。予測とは、過去の値（学習データ）から未知の値を推測することです。その1つに、「**決定木**」という手法があります。決定木では、ツリー状の条件分岐のモデルをたどることで、データを分析し、予測を行います。ツリー状なので、図式化しやすく人間にもわかりやすいです。

　決定木は、来店者リストの中から「どんな人が購入しているか」を分析したり、生産管理システムのデータから不良品の要因を把握したりといった用途に使われています。すでに結果がわかっているデータを使って、**結果を属性ごとに分類し、分類結果から推論モデルを作り将来を予測します**。結果は、属性で分類し、そこでできた分類をさらに別の属性で分類するという流れで分類していきます。

　たとえば、来店した顧客100人の購入履歴や年齢、性別などのデータがあるとします。データをもとに商品を購入しやすい人を予測する場合、性別で商品の購入数を分割（データを分岐）してみます。女性の購入数が多いなら、次に年齢で購入数を分割し、分割できなくなるまでくり返します。スポーツの勝敗予測にも応用でき、たとえば野球の場合、「ヒットを10本以上打つと5割以上の確率で勝つ」というデータが判明すれば、試合途中でも10本以上のヒットが出れば、勝利を予想できます。決定木では、データを2つに分けることを繰り返し、未来予測を行います。あくまでも予測ですが、近い将来さらに機械学習による精度の向上が期待されています。

3

そうだったのか！　機械学習のしくみ

決定木を用いた商品の購買予測

来店者リスト

来店者	性別	年齢	購入
A	男性	20代	×
B	女性	20代	○
C	女性	30代	×
D	男性	10代	×
E	男性	40代	○
…	…	…	…

もとのデータはツリー状（木構造）になっていないが、ある一定の基準によってデータを2つに分け、ツリー状の決定木を生成する

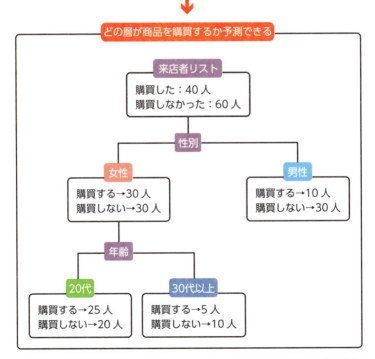

▲このようなモデルにより得られた予測は、マーケティングの最適化や商品仕入量の調整など、さまざまな方法で活用できる。

038
機械が言語を理解できるのは なぜか

言葉を単語レベルに分解する

　日本語や英語など人間が日常使っている言葉を、コンピューターで扱う技術を「**自然言語処理**」や「自然言語理解」と呼びます。自然言語処理の技術は、自動翻訳や文章の要約、文字の誤字脱字の訂正などの基礎となる重要なものです。

　自然言語処理で1つの文を処理する場合、「**形態素（単語）解析**」「**構文（文のつくり）解析**」「**意味解析**」「**文脈（文どうしのつながり）解析**」という要素ごとに処理していきます。形態素解析と構文解析の技術はほぼ確立されていますが、意味や文脈については、まだ発展途中です。現状のＡＩの中には、チャットなどで人間と会話できているように見えるものもありますが、そのしくみは、検索技術などを応用しているだけで、文章の意味を理解しているわけではありません。データベースに蓄えられた文章から、その場面で使われそうな言葉を統計的に選び、それらしい言葉を返しているだけです。一部の自動翻訳では1つの文を形態素に分解し、それぞれに訳語を当てはめ、それから構文を作ります。おかしな文章ができてしまうのは人間のように理解しているわけではないからです。

　自然言語処理の主な課題には、「表現の曖昧さ」「同義語」「言葉の省略」の3つがあります。とくに日本語は同義語や省略が多いため、難易度が高いとされています。これらの課題を機械学習が解決し、自然言語を理解できるようになると、AIや翻訳に大きなブレイクスルーが起きることが期待されます。

自然言語処理のしくみと課題

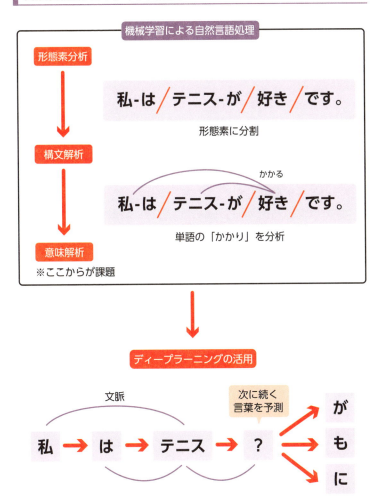

ディープラーニングを活用することで、「テニス」の前の言葉や文脈も使って次の言葉を予測することができるなど進化している。

▲現在までの自然言語処理技術では、「意味解析」が大きな課題となっているが、ディープラーニングを活用することで大きく前進することが期待されている。

039

機械学習のさまざまな手法

機械学習も種類によって得意不得意がある

　機械学習の手法は「**分類**」「**予測**」「**認識**」「**最適化**」のようにいくつかの軸で分けることができます。「分類」は与えられたデータを適切なカテゴリーに振り分けることで、主に教師あり学習（P.92参照）の手法を利用します。「予測」は、過去のデータから未知の値を予測することで、商品の需要予測などに利用されます。「認識」は、画像や音声を認識すること。「最適化」は、成果が最小または最大になる組み合わせのパターンを見つけることで、広告配信などに利用されます。

　機械学習は、万能な技術ではありません。手法ごとに用途の向き不向きがあるため、利用する目的に合わせて手法やツールを選択する必要があります（P.114 〜 117 参照）。機械学習のさまざまな手法は、「**教師あり学習**」「**教師なし学習**」「**強化学習**」という３つのタイプに分類されます。「教師あり学習」とは、正解ラベル付きの学習データを使って、学習をしていく方法で「分類」や「予測」に適しています。「教師なし学習」は、正解ラベルが付いていない学習データを使う手法で、「認識」や「最適化」に適しています。

　「強化学習」とは、よい結果に対して報酬を与えることで学習していく手法で、教師あり学習とも教師なし学習とも異なります（P.32参照）。

　ディープラーニング（P.98 参照）は、コンピューター自身がデータから特徴を発見する手法ですが、基本的には「教師あり学習」に分類されます。

機械学習の用途と手法の種類

機械学習の用途

分類
応用例
・迷惑メールフィルタ
・農家の仕分け
・写真の自動分類

予測
応用例
・株価の予測
・承認の需要予測
・マーケティング

認識
応用例
・画像認識
・音声認識
・文字認識(OCR)

最適化
応用例
・検索エンジン
・デジタル広告
・コンテンツ配信

機械学習の手法

教師あり学習　教師なし学習
ディープラーニング

強化学習

応用例
・自動運転

機械学習が試行錯誤を繰り返すうちに、「うまくいった」という「報酬」をもとに学習をしていくことで、「AlphaGo」でも活用され、人間を超える結果が出たとして話題になった。強化学習にディープラーニングを組み合わせた、「深層強化学習」と呼ばれる機械学習もある。

▲機械学習には、さまざまな手法と用途があり、機械学習を活用する目的によって、適した手法は異なる。

040

教えられて学ぶか、
自分で見出すか

「教師あり学習」と「教師なし学習」では用途が違う

　機械学習は、コンピューターが学習し、予測や判断の精度を高めるためのテクノロジーです。機械学習にはさまざまな手法がありますが、**多くの手法は学習のアプローチのしかたで、「教師あり学習」と「教師なし学習」とに分けられます。**

　教師あり学習は、正解の決められている学習データ（教師データ）を使って、コンピューターが学習をしていく手法です。たとえば迷惑メールの振り分けシステムで考えてみましょう。あらかじめ、「これは迷惑メール」「これは迷惑メールではない」という正解ラベルを、人の手によってメールのデータに付与しておき、コンピューターが迷惑メールの振り分けを学習していきます。この迷惑メールの振り分けは用途としては「分類」になります。また、予測に使う決定木（P.84参照）も、教師あり学習の一部です。

　教師なし学習とは、どれがどういったものかという正解ラベルのない学習データを使って、学習をしていく方法です。教師なし学習は主に、与えられた学習データの中からデータどうしの関連性や法則性を明らかにするために、活用されます。たとえば、顧客データの属性をもとに自動で顧客を何種類かのグループに分類する（クラスタリング）などといった用途に活用されます。

　P.82で紹介した「アソシエーション分析」も、教師なし学習の一種です。また、学習データの中の一部だけに正解付きのデータを用意した「半教師あり学習」という手法もあります。教師あり学習の一形態とされます。

教師あり学習と教師なし学習の違い

▲教師あり学習を選択するか教師なし学習を選択するかは、目的によって異なる。

041
人間と同じ答えを導き出せる「教師あり学習」

正確に分類するためのモデルを見つけ出す学習法

　「**教師あり学習**」の方法について、より詳細に見てみましょう。正解のわかっている学習データを用意して解析する**教師あり学習は、もっともシンプルな機械学習の手法**であり、分類や予測において人間の期待に近い結果が得られやすいメリットもあります。

　たとえば、教師あり学習で動物の画像を分類したい場合、学習データとして、さまざまな動物の写真を用意し、それぞれの画像に「これは猫」「これは犬」「これは猿」といったように、名札（正解ラベル）を付けておきます。分類する種類の多さや画像の特性によって違いますが、この画像データは数千〜数万枚は必要です。この正解ラベルと画像データの組み合わせを、学習器（機械学習のプログラム）に読み込ませます。そこから画像データと正解ラベルの組み合わせを観察して、「猫」「犬」「猿」をうまく分類するためのモデルを見つけ出していきます。ディープラーニングではさらに、共通する特徴を見つけ出すこともプログラムが行います。文字認識をさせたい場合は文字画像と文字の正解ラベル、音声認識なら音声データと発話内容の正解ラベル、迷惑メールの選別なら多くのメールと「どれが迷惑メールか」という正解ラベルが必要になります。

　教師あり学習は、過去のデータから将来を予測するような場合にも使われます。たとえば株取引における市場予測（P.66参照）や、購買確率の高い顧客の推定（P.84参照）です。教師あり学習の精度を向上させるには、人間が設計したとおりの分類ができるような、特徴を抽出できる学習データを用意しておくことが大切です。

教師あり学習で分類方法を見つけ出すしくみ

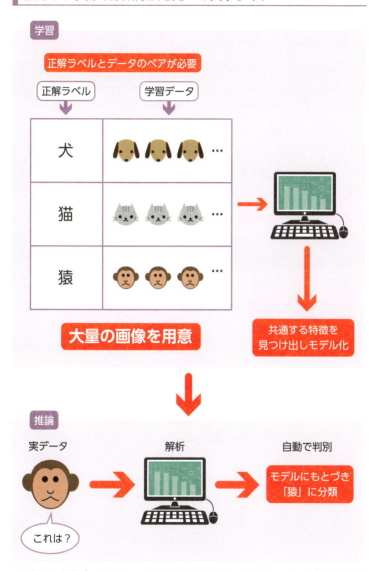

▲たくさんの学習データを使い、人の判断が自動化される。コンピューターに「正解」を教えることで、コンピューター自身が分類のモデルを作り出す。

042
未知の法則性を見つける「教師なし学習」

コンピューター自身が規則性、関係性を発見

「**教師なし学習**」では、正解ラベルの付いていないデータを使います。そのため、プログラム（機械）自身がデータを分けなければなりません。**教師なし学習の目的は、データの中に存在する何らかの規則性や、データどうしの関係性をコンピューター自身が見つけ出すことです**。データを収集・整理して、データどうしの類似度を判定してデータをグループ分けしたり、顧客の購買履歴から「Aという商品を買ったお客さんはBを買う傾向にある」という法則を見つけて、EC サイトのレコメンデーションなどに応用したりと、単純な判断ではなくデータの分類を見つけ出したいとき活用できます。

データに正解ラベルが付いている必要がないため、教師あり学習に比べてスタートしやすい点が、教師なし学習のメリットとして挙げられます。教師あり学習の場合は、人間の手によるラベル付けが必要でしたが、教師なし学習の登場によって、ラベル付けなしでもデータの分類が可能になりました。

教師なし学習では、どのような分類基準を作るか予測がつかないので、人間が思いもつかない分類方法を見つけ出すことがある反面、実用上は役に立たない場合もあります。教師なし学習では、出てきた結果をどのように使うかという判断の難しさ、価値ある分類を生み出すためのチューニングなどの課題があります。教師なし学習は、教師あり学習の機械学習システムを構築する場合の、分類項目調査の段階で使われる場合もあります。

教師なし学習による相関関係の発見

▲「教師なし学習」では、データどうしの相関関係を見つけ出し、さまざま分類基準を作る。見つけ出した相関関係の意味や利用方法は、人間次第である。

043

人間や動物も同じ？
報酬から学ぶ「強化学習」

試行錯誤を繰り返し、正しい行動を導き出す

　「強化学習」は、教師あり学習とも教師なし学習とも異なるアプローチを取った、今もっとも注目すべき機械学習の手法です。**強化学習は、どのような行動を取れば最大の「報酬」が得られるかを、コンピューターが試行錯誤しながら学んでいく**ことで最適な判断に到達します。教師あり学習の「正解」に対して、強化学習を特徴付けるのが「報酬」です。

　マウスがボタンを押すとえさがもらえるといった、動物心理学実験は有名です。このような実験では、何かの拍子にご褒美がもらえると、動物たちはどうすればご褒美がもらえるかを考え始めます。最初は、何をしたからご褒美がもらえたのかがわからず、試行錯誤します。最終的には、その繰り返しの中でルールに気づき、ご褒美を獲得できます。強化学習も同じ発想にもとづいています。

　強化学習の場合も、「○○したら＋1点」「○○したら＋2点」というように、最初に報酬を決めておきます。コンピューターは、最初は「何をしたらいいかわからない」ため用意した選択肢の中からランダムに動いてしまいます。しかし報酬がもらえたときに、「どのような状態」で「何をしたら」報酬がもらえたかを記憶します。次にランダムな動きは残しつつ前回の記憶を手がかりに動いてみます。するとまた報酬がもらえたら、「どのような状態」で「何をした」を記憶します。これを繰り返すうちに、報酬がもらえる「状態」と「行動」のペアを獲得していくのです。強化学習は、AlphaGo（P.30参照）や自動車の自動運転（P.32参照）に活用されています。

「報酬」で動く強化学習のしくみ

はじめは適当に動くが、

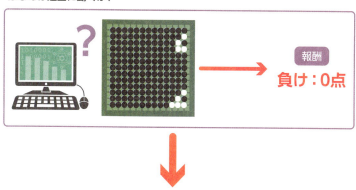

試行錯誤しながら「ルール」を見つけ出し、

どうすれば勝てるかを学習していく

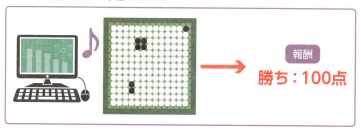

▲最初は何もわからず規則性のない動きをするが、行動に対して「報酬」を与えることで、トライ&エラーを繰り返し、最終的には適切な行動を選択できるようになる。

044

神経を模倣した!?
「ディープラーニング」の圧倒的能力

2つのニューラル・ネットワーク

　ディープラーニング（P.20参照）は、人間の神経細胞を模したニューラル・ネットワークを利用した、機械学習の一分野です。ディープラーニングに分類されるニューラル・ネットワークには、有名なものに「畳み込みニューラル・ネットワーク」と「再帰型ニューラル・ネットワーク」があります。それぞれ得意な領域が異なります。

　「**畳み込みニューラル・ネットワーク（CNN：Convolution Neural Network）**」は画像認識に有効な手法で、画像を分割して処理できることが特徴です。画像の中の輪郭を抽出する場合、中に書かれている図がずれていると、うまく輪郭が抽出できない場合があります。そのため、画像内の一部に注目して輪郭を抽出する「フィルター」を少しずつずらしながら、画像全体を読み取ることで、うまく輪郭を抽出することができます。この方法は、声紋分析や文字認識などにも活用されています。

　「**再帰型ニューラル・ネットワーク（RNN：Recurrent Neural Network）**」は、自然言語処理の分野などで使われる技術です。ある時点の入力を処理した層の出力が次の層の入力になり、複数回の（再帰的な）計算処理を行います。この手法により、単語ごとの翻訳のみ可能だった機械翻訳が文単位で翻訳できるようになり、翻訳の質が大幅に向上しました。入力順序に意味のあるデータや音声、動画などの処理にも適しています。ディープラーニングは、このように人間の神経を模した構造で情報を何度も受け渡し、**何度も処理することで膨大な量の計算を繰り返して学習していく**手法です。

ディープラーニングの代表格！ CNNとRNN

畳み込みニューラル・ネットワーク（CNN）

データを分割して処理することで、細部の特徴まで正しく抽出できる

画像を小さな領域（フィルタ）に分割して取り込む

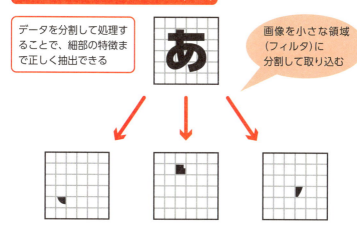

再帰型ニューラル・ネットワーク（RNN）

再帰的な計算処理により、文単位での翻訳が可能になる

通常のNNでは…

1つ前の単語(気温)からしか予測できないため、「が」と「は」のどちらが適切か判断できない

RNNでは…

1つの層で処理を行ったあと、前の層に戻るので、「今日は」も含めて次の単語を予測できる

▲畳み込みニューラル・ネットワークと再帰型ニューラル・ネットワークでは、それぞれ得意な分野が異なる。

045

ディープラーニングで
AIが人間を超える!?

シンギュラリティの到来が現実味を帯び始めた

　機械学習に支えられた AI が「いつか人間を超えてしまうのでは？」という懸念が語られます。この**「AI が人間を超える」時点のことを「シンギュラリティ（技術的特異点）」と呼びます**。このアイデア自体は古くからあるものの、近年の機械学習の発展には目覚ましいものがあり、ディープラーニングの登場によって、シンギュラリティの到来が現実味を帯び始めています。

　ディープラーニングの特徴は、教師あり学習におけるデータの特徴抽出を、コンピューター自身が行えること、それにより人間を介さずに大量のデータを扱える点です。この利点は、現時点では主に画像認識の分野で発揮されています。2012 年の国際的な画像認識の大会で、ディープラーニングを使ったチームは 15％台のエラー率を記録し、人間が画像の特徴量を設計した場合の 26％を大きく上回りました。精度はさらに上がり、2015 年には 3.5％に向上しています。画像認識では、すでに人間を上回っているとされています。

　大量のデータとディープラーニングにより、人間ではラベル付けが難しい「好み」もかんたんに発見できるようになりました。音楽ストリーミングサービスの Spotify はディープラーニングの活用によって、ユーザーが聴いている曲を解析して、似ている曲をおすすめするという、高精度なレコメンド機能を提供しています。このようなストリーミングサービスや EC サイトは大量のユーザーのデータを分析しているため人間ではかなわない正確さでレコメンドできます。

現実味を帯び始めた「シンギュラリティ」の到来

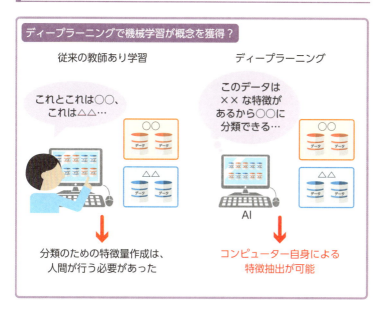

▲「AIが人間を超える」時点のことを「シンギュラリティ（技術的特異点）」と呼び、いくつかの分野では、すでにシンギュラリティの予兆が見られる。

046
人間の技でパフォーマンスを高める「能動学習」

「これ」というものにだけラベル付けする

　「教師あり学習」では、正解ラベルの付いた大量のデータを用意してコンピューターに学習させますが、そのデータを意する作業は非常に大変です。そこで、機械学習の学習効率を高める手法として、**「能動学習（アクティブラーニング)」** という手法が注目されるようになりました。

　能動学習では、コンピューターが正解ラベルなしのデータの中から「どのデータに正解ラベルを付けたら認識率が上がるか」を判断し、人間がラベル付けを行います。コンピューターは、「わからない部分だけは人間に聞く」ことになるため、すべてのデータにラベル付けを行わなくて済みます。その結果、データに正解ラベルだけを付けるコストを省くことができます。

　また、似たような手法に **「半教師あり学習」** があります。これは、一部に正解ラベルの付いたデータと正解ラベルの付いていないデータの、両方を使って学習を進める方法です。半教師あり学習も、正解ラベルの付いたデータを作成する手間を省いて、精度の高い学習モデルを作ることを目的としています。

　半教師あり学習と能動学習の違いは、能動学習では、あらかじめデータに対して正解ラベルを付けるのではなく、コンピューターの認識率が上がりそうなデータを見つけると、「正解ラベルを付けてくれる何か（たとえば人間)」に問い合わせを行います。そして、得られた正解付きデータを学習データに加えて、学習を続けていく点にあります。

能動学習のしくみ

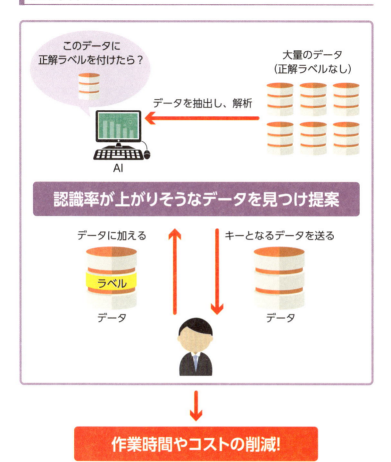

能動学習の弱点
・ラベル付けが必要なデータをコンピューターが選択するため、人がラベル付けする際に、どんな正解ラベルを付ければよいかわからない可能性がある
・一度付けた正解ラベルを変更すると、そのほかのラベル付けについても、やり直す必要がある

▲コンピューターがわからない部分だけを人間に聞くため、ラベル付けのコストを省くことが期待できる。

047

機械学習だからこそ陥る過学習のワナ

教師あり学習の歴史は、過学習との戦いの歴史

機械学習では、学習データにもとづいて学習し、学習モデルを作成します。この学習モデルに従って本番データを扱った際に、まったく対応できないといったことが起こります。

この現象は「**過学習（Overfitting：オーバーフィッティング）**」や「**過剰適合**」などと呼ばれ、教師あり学習で起きます。教師あり学習の歴史は、過学習を起こさせずに、精度を上げていくための手法を開発する歴史でもあります。

過学習が起きてしまう原因は、いくつかあります。1つは、学習データが少な過ぎる場合です。学習データが少ないと本来は無関係な特徴まで抽出してしまったり、一般性のないルールを導き出してしまったりします。2つ目は、学習データの中に例外的なデータや、異常値を示すデータが多いときです。例外的なデータの影響を受けて、完全に誤ったモデルができます。

さらに、学習データだけに特化したモデルができてしまい、一般性を失ってしまっても過学習が起きます。過学習が起こっている場合、学習データでは高精度に見えても、本番では結果が悪くなります。そのため精度が高すぎる推論モデルは再検討の対象となります。

ディープラーニングにおいても、この過学習は起こります。過学習の状態を見過ごしたまま学習モデルを使うと、まったく予測が外れてしまうことになります。**機械学習ではモデルの精度などを測定して、過学習に陥ってないか、常に確認し、チューニングする必要があります。**

過学習が起きるしくみ

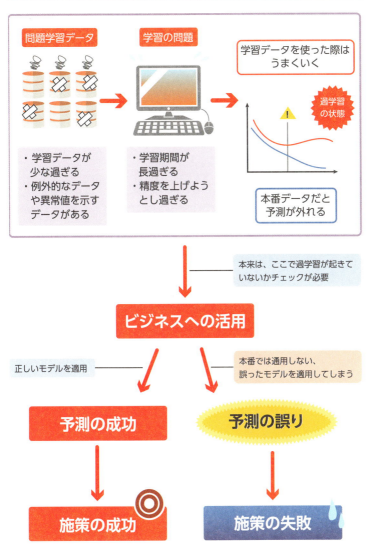

▲過学習の状態で実際のビジネスに活用すると、失敗につながるリスクが高い。機械学習の精度は、学習データでの精度でのみ判断するのではなく、本番データを読み込ませた結果を考慮する必要がある。

048

精度の向上を阻む次元の呪い

特徴が多ければ多いほど精度が上がるが問題も増える

　機械学習で画像認識をするには、どんな画像の場合でも、種類を特定するために色、形、大きさなどたくさんの特徴を捉える必要があります。

　この特徴のことを、「次元」と呼びます。次元が多ければ多いほど、認識の精度は高くなります。しかしその分、必要な学習データの量も多くなります。さらに次元が増えるほど、その他の特徴との組み合わせによって認識すべき状態が増えるため、計算時間の増大も招きます。

　このように、精度を上げるために次元を増やすことで同時にデメリットも生じてしまうことを、「次元の呪い」といいます。

　次元の呪いに対処するために、限られたデータの中から効率的に精度よく解析を行うことも、機械学習にとっては重要なことです。特徴の数（次元の数）を減らせれば、必要なデータの量も減ります。これを「次元圧縮」といいます。次元圧縮を行うためには、たとえば画像認識の場合、特徴に「重み（優先順位）」を付けることなどで対策します。特徴に「重みを付ける」とは、画像に写っているものを推定するために、どの特徴を重要視するのかを決めるということです。

　やみくもにデータを集めるだけ、精度を高めようとするだけでは実用的な機械学習の成果は生まれません。このような理由もあって機械学習の成功には、今のところ人のチューニングが欠かせません。

次元の呪いを避けるためには

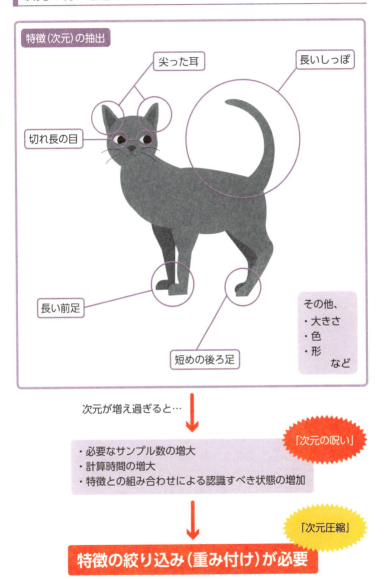

▲ やみくもにデータを増やせばうまくいくわけではない。

Column

機械学習の多彩な技法

　機械学習には、まだまださまざまなアルゴリズムがあります。その一部を紹介します。

●ランダムフォレスト
　複数の決定木を生成し、各決定木から導き出された結果の多数決を取る手法です。決定木よりも多くのデータが必要ですが、その分精度の高い予測を行うことができます。

●サポートベクターマシン（SVM）
　教師あり学習の一種で、分類や予測に使われる手法です。計算処理を繰り返すことでデータを2つの集団に分ける手法で、ほかの手法よりも精度が高い分類が可能だといわれています。

●ロジスティック回帰
　統計学などで利用される手法で、名前の通り回帰（因果の分析）が行えます。ある行動と結果が「どのくらいの確率で結びつくか」わかるという特徴があり、たとえば顧客にメールを送って、各属性のユーザーからそれぞれ何％の反応があるかといった確率が予測できます。

サポートベクターマシン

判定の対象となるデータ　　判定の対象外となるデータ

▲サポートベクターマシンは、2つのデータ集団を図示する場合を想定し、できるだけ真ん中の位置で分離する線によって、判別する手法。

Chapter 4

機械学習を
ビジネスに導入する

049
ビジネスの現場で活躍しだした 機械学習

今後、機械学習が導入されない企業の方が少なくなる!?

　機械学習の導入はまだ先のことと考えている人もいるかもしれませんが、**機械予習は大企業に限らず、最近では中小企業にまで導入が進んでいます**。機械学習の市場規模は、AIやビッグデータ関連のデータから推測できます。EY総合研究所の発表によると、2015年の「人工知能関連」の国内市場規模は、3兆7450億円と推計されており、**2020年には約6倍の23兆円を超える**と予測されています。また、IDC Japanによるビッグデータテクノロジー／サービス市場の予測によると、2015年で947億7600万円だった市場が今後、年平均25％のペースで成長し、**2020年には約3倍の2889億4500万円に達する**と予測されています。

　大手IT企業は、機械学習に対する投資に力を入れています。たとえばAppleは機械学習企業を、2015年から16年にかけて3社も買収しました。MicrosoftやAmazon、Googleといった企業も機械学習サービスやツールの開発に力を入れており、熾烈な競争が続いています。また、既存の顧客分析ツールなどに機械学習の機能を組み込む流れも、急速に加速しています。国内のIT企業もこの動きを追っています。

　機械学習システムの本格稼働も始まり、みずほ銀行ではコールセンターに導入したIBM Watsonと音声認識技術を組み合わせたシステムの利用を拡大し、三井住友銀行も機械学習システムの本格導入に向けて検討しています。サービスの低価格化や一般化も進み、機械学習を使っていて当然の時代がくることは疑いようがありません。

機械学習ビジネスの市場規模と企業向けツール

機械学習が関わる分野の市場規模

● 「人工知能関連」の国内市場規模

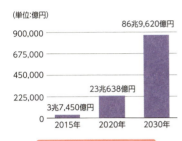

(単位:億円)

2015年	3兆7,450億円
2020年	23兆638億円
2030年	86兆9,620億円

→ 年平均43.8%の成長率！

出典：EY総合研究所　レポート「人工知能が経営にもたらす『創造』と『破壊』」(2015) (https://eyi.eyjapan.jp/knowledge/future-society-and-industry/2015-09-15.html)

● 国内ビッグデータテクノロジー／サービス市場予測

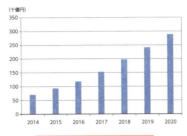

→ 年平均25.0%の成長率！

出典：IDC Japan プレスリリース「国内ビッグデータテクノロジー／サービス市場予測を発表」(2016年6月13日) (http://www.idcjapan.co.jp/Press/Current/20160613Apr.html)

▲ 人工知能およびビッグデータ関連市場は、大きな成長率が見込まれている。その成長には機械学習の発展も欠かせない。

ビジネスの場へ導入が進む機械学習

アメリカのIT企業（Amazon、Microsoft、Google、IBMなど）による開発競争
国内IT企業の追随やサービスの低価格化

大手企業が次々と機械学習システムを導入

さまざまな業種の中小企業・店舗へ波及

機械学習の活用が当たり前の時代へ！

▲ すでに、社内に専門知識を持った人材がいなくても機械学習のテクノロジーをビジネスに利用できるようになってきている。

050
年間1億円以上の
コスト削減ができる!?

人間の判断を機械が行えば、大規模なコストダウンが可能

　企業が機械学習システムを導入する目的は、新規顧客の獲得や売上アップ、リスクの軽減など企業によってさまざまです。Googleによる画像認識などの目覚ましい発展もありますが、現在のところ、一般企業にもっともインパクトの大きい成果を残しているのは、**コストダウン**の部分でしょう。1億円以上の効果が見込まれるシフト効率化や、90%ものコストダウンをもたらすWebサービス監視の自動化などに機械学習を応用したシステムが活用されています。

　Webサービスの監視システムではコンピューターが不適切な画像を学習することで、投稿画像のチェックを自動化し、コンテンツをチェックするための人件費などを大幅に削減することができました。

　工場の水需要を予測することで、電力コストを2割削減したという事例もあります。工場で使われた水を廃棄するために使われるポンプは電力で動かしているため、当然かなりの電気代がかかります。水需要の予測にもとづいて、ポンプを適切に動かすことで、電気代を2割も削減できたのです。

　これらの業務改善は、従来のシステムとは影響度の大きさが違います。これまでのシステムでは、作業の自動化がメインであり、「判断」の部分は人間が行っていました。しかし**機械学習を使うことで高い精度での予測が可能になり、より人間の判断に近いことが可能**になっています。今後、さまざまな業務の判断を機械学習システムが行うようになると、ロボット導入による作業自動化以上の革命が、機械学習の導入によって起きるでしょう。

機械学習が「判断」を自動化する

機械学習以前の自動化

ロボット導入によって「作業」は自動化されたが、「判断」は人間が行っていた

機械学習以後の自動化

「判断」も機械学習ができるようになり大幅なコストダウンが可能に！

人間はより高次の創造的な判断・作業に注力

参考：・人工知能による画像チェック自動化で 広告売上向上とコスト削減を実現
　　　〜導入企業全社で実現。合計約2.5億枚の投稿画像監視を自動化〜（2015年4月01日）
　　　（http://www.e-guardian.co.jp/info/2015/0401）
　　　・NEC、ビッグデータ分析・予測に基づき判断や計画を最適化する人工知能（AI）
　　　「予測型意思決定最適化技術」を開発（2015年11月2日）
　　　（http://jpn.nec.com/press/201511/20151102_03.html）

▲ 人間がやっていた「作業」がロボットによって自動化された際もインパクトは大きかったが、機械学習による「判断」の自動化は、そのとき以上に革命的だ。

051
機械学習をあなたのビジネスに導入するために

ゼロから始めるならクラウドサービス

　機械学習を自社に導入する方法には、「**既成のパッケージソフトやサービスを導入**」、「**独自システムを構築**」、「**クラウドサービスを利用して構築**」という3つの方法が考えられます。

　機械学習用のパッケージソフトやサービスを導入することで、知識ゼロでも機械学習を始めることができます。とくにノウハウが必要ないという利点があり、すぐに予測分析などが行えます。しかし導入コストの高さや、カスタマイズできないという難点もあります。

　独自システムを構築する方法であれば、もっとも自社に適したシステムを構築することができます。目的に合わせて、最適なアルゴリズムの選択やプログラム開発、システムのチューニングを行うことができます。しかし、システム構築には相応の期間や手間がかかりますし、自社にそれなりの開発部門がない場合は、外部のIT企業やデータ分析企業に構築を依頼する必要があり、費用もかかります。独自システムの構築にはコストがかかるほか、専門家の知識が必須であり、すぐに活用を始められないという難しさもあります。

　クラウドサービスを利用する方法は、クラウド上の設備を利用するため、最初の設備投資が少なく済み、すばやく始められることが最大の特徴です。クラウドサービスを利用すると、ハードウェアの購入やシステム構築の手間やコストを削減できます。すでに学習済みモデルを使える場合もあります。プログラムや機械学習の知識のある人材は必要ですが、それを踏まえても、目的に合った機械学習の環境をすばやく作成できる利点が大きいでしょう。

機械学習の導入方法

①機械学習が組み込まれたソフトウェアを使う

導入は楽だが自由度は低い

②自社でシステムを構築する

自社に最適なシステムの構築が可能だが、
専門知識が必要で、すぐに始められない

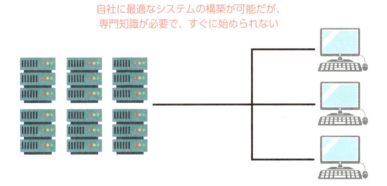

③クラウドサービスを利用する

専門知識が必要な部分もあるが導入障壁が低い。

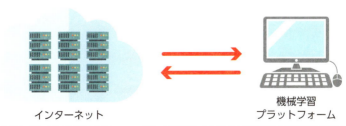

▲ クラウドサービスを利用すると、ハードウェアの購入やシステム構築の手間や時間が削減できるほか、大量の計算機資源を設備投資なしに利用できる。

052

導入に必要な投資はこれだけ!

今日から機械学習が月1万円で始められる!?

　機械学習の導入に必要な投資は、**データ収集の基盤にどの程度投資できているかによって違います**。データ収集の基盤がない場合、一般的に数十万から数百万円の投資が必要ですが、すでに社内にある程度のデータ蓄積がある場合は必要ありません。さらに機械学習専門のエンジニアなどを雇う場合、年収として600〜1000万円程度が必要です。担当者を雇わずに導入支援サービスを利用すると、年間200〜数千万円程度かかります。

　機械学習を導入するには、データ収集のエンジニアさえいれば、用途にもよりますが、市販の30万円程度のパソコン1台でも始められます。重要になるのが**GPU（Graphics Processing Unit）**というプロセッサです。もともとはパソコンの画面表示などグラフィックス用のパーツですが、計算処理に応用され、機械学習（とくにディープラーニング）には欠かせません。大規模に機械学習を行いたい場合は、数台から数百台以上のコンピューターが必須です。

　導入にかかる費用は、データ収集の基盤が整っていればパソコンだけでも始められますが、クラウドサービスを利用するとこの初期投資も0円で済みます。Amazonのクラウド機械学習サービスでは、カタログ商品の分類に使う場合の1ヶ月の目安料金は97.40ドルと安価です。ただし**安定的な運用には、クラウドや機械学習に精通した人材が必要**です。機械学習はいろいろな形態で利用できるため、コストを算出することは難しいですが、事前の準備が整っていれば月1万円程度から始めることも可能です。

投資額は目的や事前の準備で変わる

データ収集のための基盤を一から整備する場合

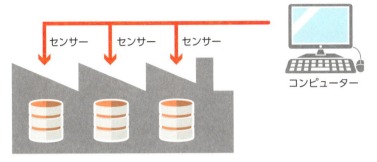

※データ収集のための設備が整っていない場合は、初期投資に数十万円~数百万円が必要

データ収集のための基盤が整っている場合

ハイスペックなパソコン1台でもあれば手元で始められる

クラウドサービスを利用する場合

事前の準備が整っていれば月1万円程度から始めることも可能

▲機械学習を導入するには、目的に応じた設備が必要となる。しかしごく単純な画像認識やレコメンデーション機能を試す程度であれば、データとGPUを搭載したパソコンがあれば導入可能だ。

053

これから一番の資産はデータ

データ活用の筋道を見つけよう

　機械学習で先行している Google や Facebook などのグローバル企業には、もともと膨大なデータの蓄積がありました。**一般の企業の場合も、まずは必要な学習データを用意することが重要**です。製造業であれば、機械から情報を読み取るセンサーから得られたデータを利用できそうです。小売業であれば、POS システムの顧客情報の活用が考えられます。そのほか、自社の顧客データをきちんと収集し整理するだけでも、顧客ニーズの分析などに活用できるかもしれません。個人情報やプライバシー情報など、取り扱いの注意が必要な情報もあります。**機械学習での分析には、使いやすく幅広いデータが必要です**。目的に合致する範囲でなるべく多くのデータを集めましょう。

　自治体などが公開している「**オープンデータ**」も利用できます。オープンデータとは、国や自治体、独立行政法人、公益事業者などが保有するデータを公開しているもので、許可された範囲内で自由に複製、加工、頒布ができ、商用利用も可能です。自社のデータにプラスしてオープンデータを活用すると、分析の幅が広がります。

　集めたデータを機械学習に活用する場合、データの整備が必要になります。業務によって別々のシステムを使っていると、データの形式もバラバラになっている可能性があります。そのため、機械学習システムで活用できるようにデータの整理、統合が必要になるのです。**機械学習のビジネス活用では、データ収集・分析の基盤をいかに整えられるかが、成功の鍵を握っています。**

機械学習に利用できるデータの種類

▲自社に蓄積された機械学習の目的に必要なデータや、オープンデータを組み合わせることで、さまざまな学習モデルを作成できる。

054

オーダーメイドで自社に最適な機械学習を導入する

機械学習導入のコンサルティングサービス

　自社で機械学習システムを構築する場合、データを収集し、ハードウェア構成やアルゴリズムを決定してから、モデルの開発を始めます。完成した学習モデルの精度を検討し、精度が悪ければモデルのチューニングを行います。システムの構築には、データ収集の基盤構築やビジネス課題の洗い出し、ITインフラの知識なども必要なため、社内の人材だけでは対応できない部分も多いでしょう。

　しかし**社内に十分なリソースがなくても、コンサルティングサービスを利用すれば機材学習システム構築をオーダーメイドできます。**

　株式会社ALBERTが提供するコンサルティングサービスでは、機械学習の具体的な活用方法や得られるメリットを整理し、システム構築までの計画を立てます。そして学習済みのモデルをもとにモデルの精度やシステムの導入効果について分析し、導入企業用のチューニングや実現性の検証を行い、最後に機械学習システムの構築を行うという流れになります。

　そのほか、富士通ではAIに関する知見と技術を体系化した「Human Centric AI Zinrai（ジンライ）」を利用するための、システムの検討段階から導入・運用まで、専任のコンサルタントがサポートしてくれるサービスを提供しています。NECでは、「AIディスカバリープログラム」という、AI（機械学習）のコンサルティングサービスを提供しています。「機械学習を導入したいがどうすればよいのか右も左もわからない」という場合には、こういったコンサルティングサービスを利用するのも、1つの手でしょう。

機械学習導入コンサルティングサービスのメリット

自社でシステムを構築する場合

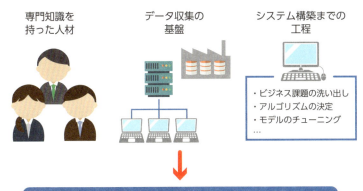

コンサルティングサービスを利用すると

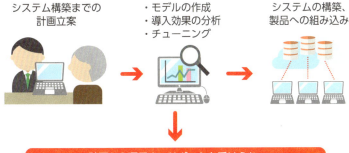

参考：・世界最速クラスのディープラーニング基盤と、業種・業務に対応したAIサービスを提供
（2016年11月29日）
(http://pr.fujitsu.com/jp/news/2016/11/29.html)

・NEC、AI活用支援コンサルティングサービス「AIディスカバリープログラム」を発売
（2016年7月19日）
(http://jpn.nec.com/press/201607/20160719_02.html)

▲自社に適した**機械学習システムをゼロから構築する場合**は、このようなコンサルティングサービスの利用も検討できる。

055
オーダーメイドの
機械学習の導入効果

大規模プラントにおける異常予知

　自社で一から機械学習システムを構築する場合は、自社の環境や目的に最適化できるという強みがあります。これは既成のパッケージソフトではできないことですが、設備投資や開発に多くのコストがかかります。機械学習の活用によって実現したい目的や解決したい課題が、既成のパッケージソフトやサービスではできないかどうかを見極めて利用すれば、有効な手段でしょう。

　中国電力の島根原発では、従来の人間による点検の課題を解決するため、正確に異常を見つけるしくみや、故障を予兆の段階で見つけるシステムの導入を検討していました。この課題に対し、NECは機械学習を利用して大量のセンサーからデータを収集し、分析を行う「インバリアント分析」という技術を活用した故障予兆監視システムを提案しました。このシステムは、大量に設置されたセンサーのデータから、正常時のセンサー間の関係性をモデル化し、いつもと違う動きを発見したら、異常を予兆の段階で検知するというものです。故障を疑似的に発生させたテストでは、人間に比べて十数時間も早く故障を発見することができました。最適化された機械学習システムによって、プラント施設の故障個所を早期に発見することができ、安全で安定した稼働につながるでしょう。

　大規模な事例のため、同じことをやろうとすれば多くの費用や期間、人材などが必要ですが、中・小規模でも一からの機械学習システム構築は可能です。既存のパッケージソフトやサービスでは抱えている課題の解決が困難な場合は、検討してみるとよいでしょう。

大規模プラントの故障予兆監視システム

通常時のモデル構築

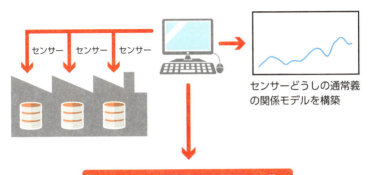

センサーどうしの通常義の関係モデルを構築

「いつもの状態」を見える化

異常の予兆検知

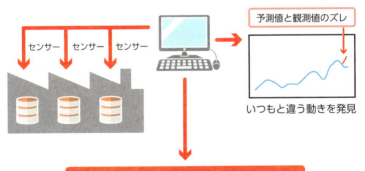

予測値と観測値のズレ

いつもと違う動きを発見

「いつもと違う」関係性を検知！

参考：中国電力株式会社 様 プラント故障予兆監視
(http://jpn.nec.com/bigdata/jirei/energia.html)

▲大規模な事例でセンサー設置やシステム構築の費用・期間がかかるが、自社向けの高度なシステムを構築できる。

056

設備投資ゼロ!?
クラウド機械学習

Amazon、Microsoft、Googleが提供するクラウドサービス

　機械学習を自社に導入する場合、一からシステムを構築すると、時間も手間もコストもかかります。しかし、Amazon や Microsoft、Google といった IT 企業などが提供しているクラウドサービスを利用すれば、専門家をそろえなくても、手軽に機械学習をビジネスに導入することが可能かもしれません。

　機械学習の代表的なクラウドサービスには、Amazon の「Amazon Machine Learning」、Microsoft の「Azure Machine Learning」、Google の「Cloud Machine Learning」などがあります。

　それぞれ特徴やできることに違いがありますが、これらのサービスでは、正しいデータさえあれば、比較的かんたんにモデルの構築が可能で、用意された大量の計算機資源を活用できます。コスト面も、使用分だけ料金が発生するシステムなので、使い方によっては導入コストや運用コストを大幅に圧縮することができます。もちろん、データの収集やある程度のプログラミングの知識は必要です。

　機械学習には、費用対効果の算出が難しいという面もあります。そこで、専用のサーバーなどを用意する必要のないクラウドサービスを利用することで、導入の検討段階でのテストに利用することも可能です。

　クラウドサービスは安価に機械学習を導入できます。ただし社内に機械学習の専門家がいないと、機械学習の目標設定などに失敗する場合があります。そのため、ビジネスに機械学習を活用するときはクラウドサービスだけで安価に済ませることは難しいのが実情です。

機械学習のクラウドサービス

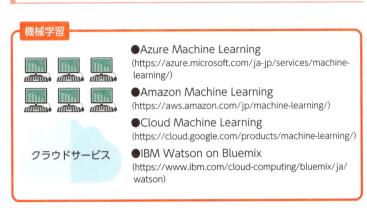

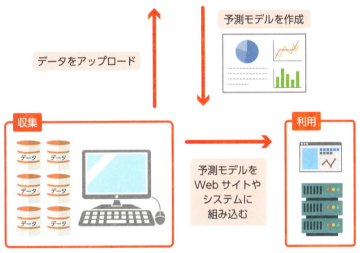

▲社内に専門知識を持った人がいないと、目標設定などに失敗してしまう可能性もあるため、安価に済ませるのは難しい面もあるのが実情。しかし、使い方によっては低コストで機械学習の導入が可能だ。

057

機械学習サービスの導入

社内に専門家がいなくても機械学習が活用できる

　機械学習を自社に導入する方法には、システム開発を行うほかに、ある業務や目的に特化した機械学習のパッケージや機械学習システムが組み込まれたサービスを利用する方法があります。**この場合、専門知識を持った人材なしでも機械学習システムをかんたんに導入でき、比較的低コストでの導入が可能です。**

　たとえば、東芝情報システムの「製造業向け故障予測」は、工場やプラントなどの設備の故障診断に機械学習の予測モデルを活用したい場合に役立ちます。このソフトウェアでは、故障予測モデルの作成と管理、故障予測判定を行います。機器に設置したセンサーから収集したデータを分析して、部品が故障する時期を予測します。故障する前に部品を交換することができるので、設備保全に役立ちます。部品の調達も早めに行えるので、故障の起きにくい部品の在庫を低く抑えることで、在庫の無駄が省けます。

　データ収集の基盤は、ソフトウェアとは別に用意する必要があります。しかしこうしたサービスを利用する場合、独自システム構築やクラウドサービスを利用する場合のように、機械学習に詳しい人材が必要ありません。

　機械学習のコンサルティングサービスを利用する場合に比べると、**導入費用を低く抑えることができます。**

　より小規模な、機械学習を応用したソフトウェア（BIツールやセキュリティ対策ソフトウェアなど）の利用も広まっており、こちらは比較的低コストで導入することが可能です。

機械学習パッケージサービス導入の流れ

①データ収集基盤の準備・データの用意（P.119参照）

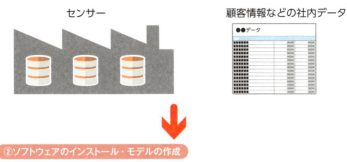

②ソフトウェアのインストール・モデルの作成

※データ収集基盤の準備は必要

③運用スタート

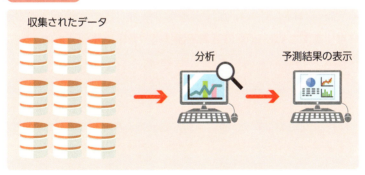

参考：分析・予測サービスを機能拡充、販売を開始 〜機械学習を活用した産業機械の稼働率向上〜
(2016年11月07日)
(https://www.tjsys.co.jp/info/news/000939.htm)

▲データ収集基盤の用意は必要だが、専門知識を持った人材が必要なく、導入コストを安く抑えることができる点が、パッケージサービスの利点だ。

058

画像・音声認識はすぐにでもビジネスに導入できる

Googleの最新技術をすぐに自社で利用できる!?

画像認識や音声認識の分野においては、**API**（外部のシステムで処理した情報を、自社のシステムで使用するためのしくみ）が数多く提供されています。これらのAPIを利用すると、自社のシステムやサービスに、機械学習のテクノロジーをすぐに活用することができます。

たとえばGoogleの「Google Cloud Vision API」は、画像分析を行う機械学習モデルを、アプリケーションや自社のWebサイトに組み込むことができるAPIです。画像の分類機能や画像内に写ったモノや人を検出する機能、画像内に含まれたテキストを検出して読み取る機能などを備えています。「Google Cloud Speech API」は、音声をテキストに変換できるAPIです。音声によるコマンド制御や、音声ファイルのテキスト変換なども可能です。これらのAPIは、**非常に高度なGoogleの画像認識技術や音声認識技術をかんたんに利用できる**ため人気があります。

Cloud Vision APIを導入すれば、Webサイトに不適切な画像が投稿されないように監視したり、アプリにOCR機能を付けたりといった活用が可能です。機能を1回利用するごとに課金され、1000回までは無料、それを超えると1000回ごとに月額1.5ドルかかります。自社でシステムを構築する場合に比べ、格安で高度な処理を行えるため、人気を集めています。Cloud Speech APIも従量課金を採用しています。クラウドサービスの従量課金は、事業の立ち上げや検証時に有利なシステムです。

機械学習システムのAPIを導入する

機械学習API導入のイメージ

Google Cloud Platform

- Google Cloud Vision API（画像認識API）
- Google Cloud Speech API（音声認識API）

APIをWebサイトやアプリ開発に導入

Googleの高度な画像認識／音声認識をかんたんに利用できる

画像認識
- 投稿画像のフィルタリングシステム
- 投稿画像のタグ付けシステム
- OCR機能を付けたスキャンアプリ　など

音声認識
- 音声入力システム
- 会議の議事録作成
- 録音データのテキスト起こし　など

API導入で使える機能のイメージ

学習データの収集をしていなくても、専門家なしでも機械学習を利用できる！

Google Cloud Vision API（https://cloud.google.com/vision/）

▲Google Cloud Vision APIとGoogle Cloud Speech APIのWebページでは、画像認識または音声認識の機能を試すことができる。精度などを確かめたい場合は、利用してみよう。

059

機械学習プラットフォームの登場

自動で複数のアルゴリズムから予測モデルを作成できる

　ある程度**複雑な機械学習の予測モデルを一から作る場合は、専門家によるチューニングや精度の検証**が必要です。予測モデルの精度を高めるためには、専門的な知識にもとづいて何回も試行錯誤する必要があり、場合によっては開発に何ヶ月もの期間を要します。

　「DataRobot（https://www.datarobot.com/jp/）」は、このような過程を自動化して予測モデルを作成してくれる、機械学習のプラットフォームです。DataRobotでは、データを読み込ませて「何を予測するか」を指定するだけで、すぐに複数の予測モデルが作成されます。作成した予測モデルは、予測精度の高い順番で掲示され、ユーザーはその中からモデルを選択します。DataRobotにより、今まではデータサイエンティストやエンジニアが行っていた分析過程が自動化され、開発期間も短縮できます。「なぜそのモデルが選ばれたか」が不明であることや改変が困難という難点もありますが、開発コストの大幅な削減が期待できます。

　今までは専門家なしでは難しかった予測モデルの開発が、専門家がいなくても可能になってきており、ますます機械学習の活用が広がっていくでしょう。詳細な分析を行う場合には専門家が必要ですが、その分野は限られていくのではないでしょうか。DataRobotのほかにも、専門家なしに成果を得られる機械学習プラットフォームが登場しており、「BigML」や「IBM Watson Machine Learning」などが有名です。機械学習を進めるのに、データサイエンティストら専門家は多くの場合必須でしたが、その情勢も変わろうとしています。

機械学習プラットフォーム「DataRobot」

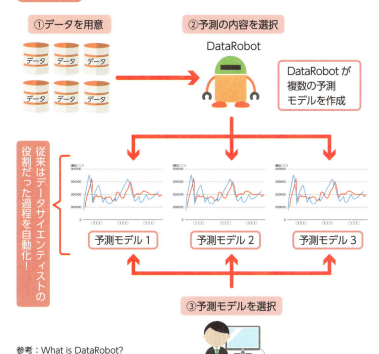

参考：What is DataRobot?
(https://www.datarobot.com/product/)

▲ DataRobotは、モデルの数が多すぎてメンテナンスしきれない領域や、試行錯誤の多い領域などで、力を発揮してくれる。

060

なぜGoogleは機械学習技術を公開するのか?

機械学習のキモは「データ」にあり

　Google をはじめ、Facebook や Amazon といったグローバル企業は、自社で開発した**機械学習エンジンを公開し、オープンソースソフトウェアとして誰でも自由に使えるようにしています**。たとえば Google は、「TensorFlow（テンソルフロー）」という機械学習のライブラリ（開発用ソフトウェア）を公開しました。

　Google が TensorFlow をオープンにしたのは、TensorFlow を利用する研究者や開発者などのコミュニティができ、コミュニティが活性化することによる技術の進化を期待しているからです。世界中のユーザーが TensorFlow を使うことで、さまざまなアイデアやスキルが生まれます。それらのアイデアやスキルがソフトウェアに取り込まれることで、自社だけで研究するよりも、技術の進化が容易になるのです。また、Google の機械学習システムがデファクトスタンダード（事実上の標準）になれば、競合企業よりも優位な立場に立つことができ、機械学習に関するさまざまな技術の動向を、Google に有利なように動かすことができるかもしれません。

　機械学習ではソフトウェアやアルゴリズムの開発も大切ですが、それ以上に「データ」の量や質がものをいいます。Google はすでに、一般ユーザーが手に入れられないほど大量の検索語や画像情報を持っており、これらのデータの多くはオープンにしていません。膨大なデータは、機械学習の研究者たちを惹きつけ、優秀な研究者たちが集まり、Google の技術をさらに進歩させることに役立ちます。データこそが、今後の機械学習の進歩に欠かせない要素なのです。

Googleが機械学習技術をオープンにする理由

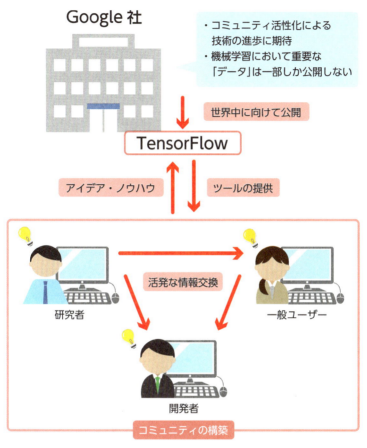

▲機械学習エンジンをオープンソース化することでコミュニティが構築され、研究や開発が活性化することで、さまざまなアイデアやスキルが生まれ、それらは技術の進歩につながる。

Column

個人でも始められる機械学習

　機械学習のシステムは、個人レベルでも構築することができます。たとえば画像認識の機械学習システムを構築するには、デスクトップパソコンが1台あれば可能です。画像認識などの複雑な処理や大量のデータが必要な場合、GPUを搭載したパソコンが必要になることもありますが、それでも30万円程度で足ります。

　予測モデルの作成についても、クラウドサービス（P.124参照）なら月1万円程度で始められます。基本的なプログラムの知識があれば、P.50で紹介したように、Googleの「TensorFlow」などのオープンソースのソフトウェアを利用すれば、すぐにでも始められます。データ収集の問題もありますが、オープンデータ（P.118参照）を活用するなど工夫すれば、特別な設備投資も要りません。

　このように、すでに個人でも機械学習を活用したシステムを構築できる条件はそろっているのです。今後、機械学習がもっと身近なものになっていけば、たとえばオークションへの出品作業やアフィリエイト記事の執筆など、個人レベルのさまざまな作業も自動化されていくことになるでしょう。

サービスを上手に活用すれば、月1万円程度からでも始められる！

Chapter 5

機械学習ビジネスの未来

061

機械学習から始まる
新しい産業革命

第4次産業革命を支える機械学習

AIやIoTなどの技術革新により現在起きている、社会構造の大きな変革は、「**第4次産業革命**」と呼ばれることがあります。18世紀に起きた産業革命以来の、大きな社会変革をもたらすといわれています。日本政府もAIを、第4次産業革命を牽引する最重要技術の1つとして、総務省と文部科学省、経済産業省の3省が連携して、戦略的に研究開発を行うことが決定しています。

AIやIoTなどの技術革新を可能にしているのは、ディープラーニングをはじめとした機械学習技術の進歩です。すでに画像の識別率は人間よりも機械のほうが優れており、将来的にはガンや難病の早期発見などへの応用が期待されます。また、機械学習は車の自動運転をはじめとするロボット技術と連動し、工場の自動化などへ応用することで、経済の発展に寄与することが期待されています。

経済産業省によると、AIやIoTがもたらす経済価値は、日本経済の4倍もの規模になると試算されています。2017年は第4次産業革命が本格化する年になるともいわれています。すでにアメリカでは、AmazonやGoogleなどのIT企業が機械学習の活用によって大きな成果を上げており、日本の産業構造も変革を迫られています。第1次産業革命によって「農業社会」から「工業社会」に変わったように、機械学習によって「情報社会」は「**知能社会**」へと変わるのかもしれません。機械学習の技術が、これからますます発展していくことは間違いありません。そして機械学習の発展にともない、第4次産業革命がより強力に促進されていくでしょう。

機械学習の発展がもたらす第4次産業革命

新時代の産業革命

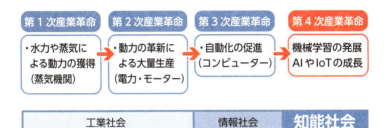

▲第4次産業革命によって、情報社会から「知能社会」へと変わりつつある。20年にかけて、その変化が本格化するといわれている。

参考：経済産業省 「第4次産業革命 - 日本がリードする戦略 -」
http://www.meti.go.jp/main/60sec/2016/20160729001.html

▲さまざまな分野に機械学習が利用されることで、広く経済への貢献が期待される。

062

機械学習が起こす「農業革命」

農業×AIのアグリ・インフォマティクス農業

農業従事者の高齢化や後継者不足といった現状の課題への対策として、農林水産省は2009年から「AI（アグリ・インフォマティクス）農業」への取り組みを始めています。この取り組みは、農業にAIを活用することで、技能向上や継承に役立てることが目的です。熟練農家の「勘」や「経験」に基づくノウハウを、継承可能な技能とするところに、機械学習が使われたのです。

AI農業では、熟練農家がアイカメラや動作センサーを体に着け、どこを見てどんな作業をしたのかを記録します。畑にもセンサーを設置し、気候や作物の状態を記録します。熟練農家の作業結果のデータも記録し、これらのデータをもとに機械学習を活用した「AIシステム」を構築しました。このAIシステムによって、データにもとづく効率的な人材育成が可能になります。

農業に対する機械学習の活用事例としては、葉っぱの画像から作物の病気を診断するシステムや、レタス栽培に機械学習システムを搭載したトラクターを使って、雑草とレタスの芽を識別し、雑草にのみ除草剤を撒いて除草剤の使用量を減らす試みもあります。

農業の問題は日本では農家の経済問題と思われがちですが、世界では食糧問題として議論されています。農業の大規模化・工業化に次ぐ変革として、**機械学習による超効率化**が期待されます。機械学習の農業への活用が**食糧問題の解決**に役立てば、まさに「農業革命」といえるでしょう。機械学習は食糧問題のほかエネルギー問題などへの応用も期待されています。

農業に革命を起こすアグリ・インフォマティクス農業

参考：農林水産省「AI農業の取組について」
(http://www.maff.go.jp/j/shokusan/sosyutu/sosyutu/aisystem/pdf/ai_torikumi.pdf)

▲農業分野に機械学習などのテクノロジーを導入することで、作業効率の大幅な向上につながり、食糧問題解決への道も見えてくるはずだ。

063

機械学習で言葉の壁がなくなる!?

機械学習の成果で通訳がいらなくなる!?

　日本語は自動翻訳が難しい言語であるといわれており、これまでは機械翻訳の翻訳精度の向上が困難でした。この課題に対しGoogle翻訳では、ニューラルネットワークを活用した翻訳システムを導入しました。文章を単語ごとに翻訳していく従来の方法ではなく、文脈を把握し文全体をまとめて翻訳することで、翻訳精度の飛躍的な向上に成功しました（P.72参照）。この翻訳技術はGoogle翻訳のWebサイトやアプリで利用できるだけでなく、「Google Cloud Translation API」としても提供されています。そのため、自社のWebサイトやシステムにも、高度な翻訳技術を導入することが可能です。

　ある目的に特化することで、翻訳精度の向上を目指す試みもなされています。豊橋技術科学大学と日本マイクロソフト、ブロードバンドタワーは連携して、機械学習を活用した「多言語コミュニケーション」の実現を目指すことを発表しました。この計画は、スポーツや医療などの目的に特化した翻訳システムを構築して、翻訳精度を高めようというものです。日本語と英語の翻訳精度が向上すれば、英語からほかの言語への翻訳も可能になります。

　このような取り組みによって、**機械学習を使った文章の翻訳はもちろん、音声認識などと組み合わせたリアルタイム翻訳の精度は向上し続けています**。いずれはあらゆる言語でのやり取りが即座に翻訳され、言葉の壁はなくなるでしょう。翻訳や通訳の仕事が必要でなくなる日も、そう遠い話ではなさそうです。

翻訳技術は向上し続けている

ニューラルネットワークを活用したGoogleの新しい翻訳システム

以前の翻訳方法

It is difficult/to translate Japanese/into English.

それは難しい／日本語を翻訳すること／英語に。

語順などは考慮されなかったため、文によっては不自然な翻訳になってしまう

新しい翻訳方法

It is difficult to translate Japanese into English.

日本語を英語に翻訳することは難しい。

「文単位」での翻訳が可能になり、より自然な訳語を提示できるようになった

特定の分野に特化した翻訳精度向上の試み

観光や医療に特化し、英語への翻訳制度を向上！

英語以外のさまざまな言語にも応用

日本語 ⇔ 自動翻訳 ⇔ 英語

日本語 ⇔ 自動翻訳 ⇔ 中国語／フランス語

こんにちは！ → 自動翻訳 → Hello!

将来的にはリアルタイムで通訳なしの多言語コミュニケーションが可能に！？

参考：AI・機械学習による多言語コミュニケーションの実現に向け協働（2016年6月21日）
(http://www.bbtower.co.jp/ir/pr/2016/0621_001112/)

▲機械学習によるリアルタイム翻訳が進歩すれば、一部の専門家を除き外国語の習得が不要な時代がやってくる。

064

交通渋滞ゼロの社会へ

機械学習の予測とシミュレーションで渋滞緩和が可能に

　もしも交通渋滞がなくなったら、社会はどのように変わるでしょうか。**機械学習などのテクノロジーを組み合わせれば、渋滞をなくすことができるかもしれません**。実際に、その可能性を示す取り組みが行われています。

　NTTデータは、信号や交差点などをコンピューターの仮想的な道路ネットワーク上で動作させる「交通シミュレーション」技術と信号制御技術によって、渋滞緩和の実験を行いました。約100万台の車両データから交通渋滞を予測し、信号機を最適な状態に制御することで、対象区間内の移動時間が平均で10%改善されるという結果が出ています。

　監視カメラの映像を機械学習によって解析することで、渋滞や事故などのリアルタイムの状況を認識する技術も、富士通研究所とFRDCによって開発されています。車の進行方向や速度から、異常な状況を認識することで、渋滞だけでなく違法駐車や逆走なども察知できます。この技術によって交通状況を詳細に把握できるようになり、交通の流れを制御するシステムなどの開発につながります。

　こうした取り組みに加えて今後、すでに実現が見えている自動車の完全自動運転（P.32参照）が進歩すれば、**交通状況を完全にコントロールすることも夢ではありません**。車の量に合わせて信号などが自動で制御され、自動車も状況に合わせて最短ルートを自動で走行する、そんな最大限効率化された自動車運転や新物流の時代が実現するかもしれません。

機械学習を渋滞緩和に活用

交通シミュレーション技術と信号制御技術による渋滞緩和

参考：中国・貴陽市において、ビッグデータを活用した「渋滞予測・信号制御シミュレーション」の実証実験で渋滞緩和効果を確認（2016年5月31日）
(http://www.nttdata.com/jp/ja/news/release/2016/053101.html)

▲ビッグデータを活かしたシステムを用いた実証実験では、対象区間内の移動時間が平均で10%改善された。

監視カメラの映像から道路の異常を認識

参考：機械学習による画像認識を活用した交通映像解析技術を開発（2016年10月18日）
(http://pr.fujitsu.com/jp/news/2016/10/18-2.html)

▲これらの取り組みに自動運転技術の進歩が加われば、事故・渋滞のない社会の実現も夢ではない。

065

ハイテク戦争のカギを握る
機械学習とAI

機械学習・AIの軍事活用はもう始まっている

　理論物理学者のスティーブン・ホーキング博士が、AIの発展によって起こり得る「ロボット戦争」の可能性について警告したことは、有名な話です。実際、アメリカの国防総省では、ロボット兵器や先進的な兵士を作るために、機械学習の最新ツールを利用し始めているといわれています。国防総省のこのアプローチは、AIによる「第三の相殺（オフセット）戦略」と呼ばれています。高性能なロボット兵器を使って、ロシアや中国の技術発展により損なわれた抑止力を回復することを目的としています。

　防衛省が発表している「平成28年度防衛白書」によると、アメリカ国防省は2017年度の予算で、サイバー空間における安全保障のために67億ドルを計上しています。ここには、AIなどの最新技術を駆使した、さまざまな軍事兵器などの開発費用も含まれていると予想されます。ロシアの軍事技術の高まりや、中国が軍事予算を大幅に拡大し、軍事力を高めている状況の中、アメリカの軍事的優位が脅かされるようになったため、「第三の相殺戦略」で再確立をしようとしているのです。アメリカの国防は日本の国防にも影響を及ぼすため、AIの軍事利用は、私たちにとっても無関係ではないでしょう。

　アメリカのように表に出ている事例だけでなく、国によっては秘密裏に進められている研究もあるでしょう。AI搭載の軍事用ロボット開発では、イスラエルが世界の最前線に立っているといわれています。これからはAIの発展に重要な機械学習のテクノロジーが、国の防衛を左右する時代になるのかもしれません。

AI（機械学習）の軍事利用

AIの発展によって起こり得る「ロボット戦争」

機械学習の発展がロボット兵士の誕生につながる！？

▲AIを搭載した高性能なロボット兵士が、実用に向けて開発されている。未来の戦争はロボットどうしでの戦いになるのかもしれない。

過熱する大国どうしの軍事ロボット開発競争

機械学習の技術が国の防衛を左右する！？

参考：防衛省・自衛隊「平成28年度防衛白書」
(http://www.mod.go.jp/j/publication/wp/wp2016/w2016_00.html)

▲アメリカや中国などの大国がロボット兵器の開発を競っており、機械学習やAIの軍事利用は今後、国の防衛を大きく左右するかもしれない。

066

機械学習が犯罪防止の鍵を握る

犯行前の不審な行動パターンを抽出

機械学習を活用すれば、犯罪を未然に防ぐことが可能かもしれません。犯罪防止の方法としては、防犯カメラの映像を学習して犯罪につながる「行動」を抽出し、認識させることが考えられます。また、顔認識技術を使って、監視カメラに写った映像から、犯人と思しき人物を特定することもできるでしょう。

サイバー攻撃を探知するシステムにも、機械学習が活用されています。NECが開発したシステムでは、あらかじめコンピューターに、パソコンやサーバーなどのプログラムの起動やファイルへのアクセス、通信などの動作状況を学習させます。そして、把握した定常状態と現在のシステムの動きをリアルタイムに分析することで、定常状態から外れた場合の検知が可能になります。システム管理ツールなどを併用すれば、問題の発生した箇所のみをネットワークから自動的に切り離すこともできます。このシステムを利用することで、人が手作業で行う場合に比べて、10分の1以下の時間で、被害箇所の特定が可能になります。

IBMでは、銀行口座乗っ取りの兆候を察知するシステムに機械学習を活用しています。マウスの動きなどの情報を学習して、行動的特徴から不正なやり取りを検知できます。ただし犯罪を特定する場合、機械学習の結果だけでは決められません。誤認の可能性もあり、全面導入には難しい部分もあります。

将来的には、機械学習による、人が介在しない犯罪監視社会も技術的に可能になるかもしれません。

機械学習を活かした防犯への試み

防犯カメラで犯罪の予兆をキャッチ

▲防犯カメラの映像を学習することで、「不自然な行動」を抽出し、犯罪の予兆をキャッチする。複数の場所に現れる人物についても、顔認識で同一人物かどうかの特定が可能だ。ただし、誤認の可能性もあるため、導入にはいくつもハードルがある。

機械学習でサイバー攻撃を探知

▲NECの「自己学習型システム異常検知技術」。オレンジ色の線が、通常と異なる"異常"と検出されたネットワークを示している。

参考：
・NEC、AI（人工知能）を活用し未知のサイバー攻撃を自動検知する「自己学習型システム異常検知技術」を開発〜 未知のサイバー攻撃による被害範囲の特定時間を1/10以下に低減 〜（2015年12月10日）
(http://jpn.nec.com/press/201512/20151210_01.html)

・サイバー犯罪から銀行の顧客を守るための支援にコグニティブ行動バイオメトリクス 銀行詐欺の防止を支援するTrusteerの新たな機能（2016年11月2日）
(https://www-03.ibm.com/press/jp/ja/pressrelease/50959.wss)

067
機械学習が悪用されたらどうする？

不謹慎な発言を連発して、公開停止になったAI

　機械学習は人間の言語を理解しているわけではないため、ときに問題を引き起こすこともあります。そのようなケースの1つとして、MicrosoftのAIを活用したチャットボット「Tay」が不適切な発言を繰り返し、わずか1日で停止に追い込まれた事件があります。

　チャットボット（chatbot）とは、自動で会話を行うことができるプログラムの総称です。テキストを双方向でやり取りするチャットのしくみを利用して、人間からの問いかけにAIが答えるシステムです。「Tay」は、ユーザーからの質問や会話に答えたり、送られてきた写真にコメントを付けて返したりすることができます。若者を対象にしたサービスで、俗語や絵文字なども使えました。

　Tayは、不謹慎な発言をさせようとする一部のユーザーとのやり取りを通じて、差別用語などを学習してしまい、不適切な発言をTwitterに何度も投稿してしまったのです。このような事態に対してMicosoftがまったく対策していなかったわけではありません。Tayはある程度の学習を積んだうえで公開されており、特定の話題については特に意味のない返答をし、会話に反映しないようにするなど、悪用に対する備えもしていました。しかし、停止に追い込まれるきっかけとなった差別用語に対する備えはしていなかったため、そこを突かれてしまったのです。

　機械学習を人が悪用すれば、人になりすました犯罪AIなど危険なシステムが生まれる可能性があります。それは悪意ある使い方をした人間に問題があり、責任もまたその人にあるのです。

チャットボットが差別用語を乱発してしまうのはなぜ?

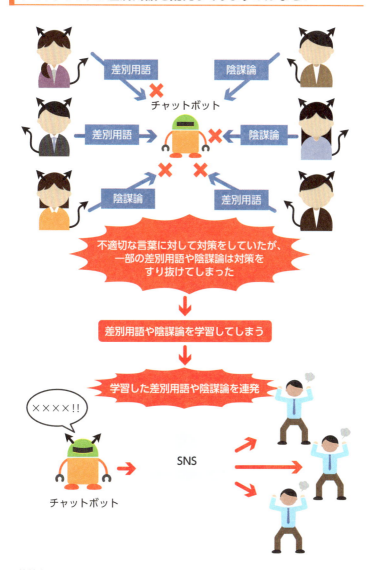

▲機械学習は言葉の意味を理解しているわけではないので、不適切な発言が繰り返されると、それをそのまま学習してしまう可能性がある。

068

機械学習が犯した
間違いの責任はだれが取る!?

機械学習のミスは人間のミス

　2015年にAIの審査による美人コンテスト「Beauty.AI」が開催され、世界中から6000人以上の応募者が集まり、それぞれが美しさを競いました。このコンテストは、応募者の写真をAIが審査し、誰がもっとも美人かを決定するというものです。コンテストの結果、最終審査に残ったのは、白人が37人、アジア人が6人、その他が1人。この結果に対して、「人種差別ではないか」と、イギリスの新聞「ガーディアン」が指摘したのです。

　このコンテストは老化を研究するグループによって、ディープラーニングを使った美容のプラットフォーム構築を目的に主催されました。エントリーした人の写真を、3人の「ロボット審査員」が審査します。審査の基準は、「顔の対称性」、「シワ」、「同じ人種に属する有名人（美人）との類似性」などです。しかし、本来なら公平な審査を行うために、さまざまな色や特徴を持つ人々の写真を大量に用意する必要があるのですが、用意された学習データは十分ではありませんでした。肌の色にも偏りがあったせいで、ロボット審査員が白人の候補者を多く選んでしまったのです。

　この審査結果は、**機械学習に中立的な判断をさせることの難しさ**を示しています。つまり、**人間が与える基準（学習データ）が偏っていると、結果も偏ってしまう**ということです。今後、機械学習の応用範囲は広がっていくことが予想されますが、機械学習が中立的な立場で正確な判断を下すためには、偏りのない学習データを大量に集めることが大切です。

AIが審査する美人コンテスト「Beauty.AI」

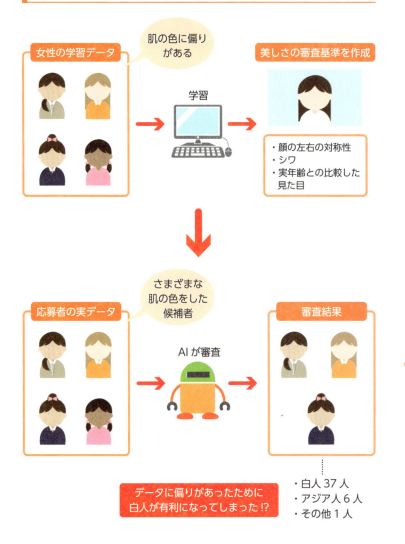

▲AIが「中立性」を身に付けることは、非常に難しい。学習データが十分ではなかったり、学習データに偏りがある場合、偏向的な結果が出てしまう場合がある。

069

機械学習によって消えていく職業

機械学習の発展によって仕事の質が変わっていく

　機械学習による仕事の自動化は、段階的に進んでいきます。仕事が自動化されることで、人間が行う必要のなくなる職業も発生するといわれています。野村総合研究所は、「**日本の労働人口の約49％が、10〜20年後には、AIやロボットなどで代替可能になる可能性が高い**」という研究結果※を発表しています。

　今までの技術進歩による自動化は、主に手作業を機械化することでした。機械学習では、**認知能力を必要とする幅広い仕事が機械に置き換わる可能性**があります。機械学習から視覚や聴覚などの認識力が向上すると、人間が行っていた監視カメラの映像チェックのような作業が、機械に置き換えられる可能性があります。運動の習熟度が上がると、梱包や運転などの作業が自動化され、それらを行う職業がなくなると考えられています。機械学習が言葉を理解できると、Appleの「Siri」のようなパーソナルアシスタントが発達し、すべての人の秘書としてはたらけるようになるかもしれません。

　ただし、**一部の仕事は機械による代替が難しく、人間はそれらの仕事により専念できるようになる**と考えられています。たとえば対面での接触を重視する人への営業などがそれにあたります。ほかにも介護では身体介助や生活サポートなどの仕事が機械に置き換わる代わりに、自立支援など重要な仕事に集中できるでしょう。**仕事が機械に置き換わるといっても、すぐにすべての仕事がなくなるわけではありません**。情報に振り回されず、今後の機械学習の発展や社会情勢の変化を、しっかりと追いかけていくことが重要です。

機械学習の発展とともに、仕事が段階的に置き換えられていく

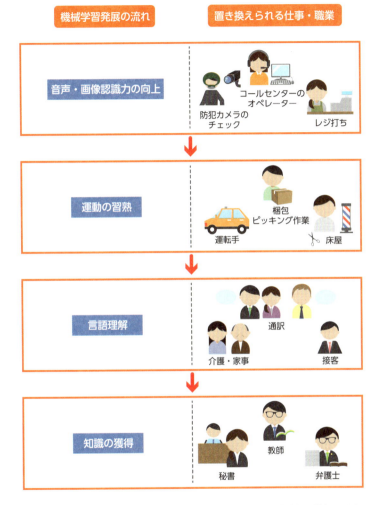

※出所:野村総合研究所「国内601種の職業ごとのコンピューター技術による代替確率の試算」NRIとオックスフォード大学オズボーン准教授、フレイ博士の共同研究。本試算はあくまでもコンピューターによる技術的な代替可能性の試算であり、社会環境要因の影響は考慮していない。

▲機械学習の発展とともに、段階的に置き換えられる仕事が多くなっていく。人間はその代わりに、人間にしかできない仕事に注力することができる。

機械学習注目企業リスト

コンサルティング・データ活用支援
株式会社ALBERT （アルベルト）
URL http://www.albert2005.co.jp/

統計学やデータ分析を駆使したデータソリューション事業を展開。機械学習やデータマイニング、大規模データ処理、プラットフォーム構築などの手法を活かし、企業のさまざまな課題解決をサポートする。

コンサルティング・データ活用支援
DATUM STUDIO株式会社
URL https://datumstudio.jp/

企業のデータ活用を、AI・機械学習の手法を駆使して支援。AIのカスタマイズやWebクローラの作成、データ分析基盤の構築、分析コンサルティングなどのサービスを提供している。

コンサルティング・データ活用支援
SAS Institute Japan株式会社
URL https://www.sas.com/ja_jp/home.html

機械学習や統計解析の技術を利用した、さまざまなソフトウェアやサービスで企業の経営課題解決を支援。国内で豊富な導入実績があり、業種別に適したソリューションサービスを提供している。

コンサルティング・データ活用支援
サイオステクノロジー
URL http://www.sios.com/

最新技術を活用したオープンソースソフトウェアや各種システムの開発により、企業のITをサポート。機械学習導入のノウハウを指導する「機械学習入門」トレーニングコースなどを提供し、企業の機械学習導入支援を行っている。

コンサルティング・データ活用支援
ソフトバンク・テクノロジー株式会社
URL http://www.softbanktech.co.jp/

データ蓄積基盤の構築や分析ツールの導入など、企業のデータ活用を支援。Azure MLの導入支援や、機械学習などの技術を組み合わせたIoTの構築サービスを展開している。

コンサルティング・データ活用支援
株式会社白ヤギコーポレーション
URL https://shiroyagi.co.jp/

機械学習やビッグデータ解析の技術を中心にしたサービスを展開。ビジネスでの統計解析や機械学習の活用方法をトレーニングする、「企業内ワークショップ型教育講座」など、さまざまな形で機械学習の導入をサポートしている。

コンサルティング・データ活用支援
株式会社ナレッジコミュニケーション
URL http://www.knowledgecommunication.jp/

AIやロボット事業をはじめ、先進技術を用いた事業を展開。Microsoft Azureの導入・運用支援サービス「ナレコムクラウド」にて、機械学習の導入支援などを行っている。

コンサルティング・データ活用支援
プライスウォーターハウスクーパース株式会社
URL http://www.pwc.com/jp/ja.html

企業が抱える多様な経営課題に対し、コンサルティングや監査を行うグローバル企業。機械学習を活用した業務改革や、イノベーションを支援するコンサルティングサービスを提供している。

コンサルティング・データ活用支援
株式会社ブレインパッド
URL http://www.brainpad.co.jp/

ビッグデータ事業やデジタルマーケティングサービスを展開する、データ活用のリーディングカンパニー。機械学習を活かしたビジネス活用支援を行っている。

プラットフォーム・インフラ
Amazon.com
URL https://aws.amazon.com/jp/machine-learning/

Amazon社内で使用された実証済みのテクノロジーに基づいて、機械学習クラウドサービス「Amazon Machine Learning」を提供。自動運転システムの開発などにも注力している。

プラットフォーム・インフラ **Google** URL https://cloud.google.com/products/ machine-learning/	ディープラーニングの威力を広めた「猫の実験」をはじめ、AI・機械学習の進歩に大きく貢献。オープンソースの機械学習ライブラリ「TensorFlow」や、クラウド機械学習サービスを提供している。
プラットフォーム・インフラ **さくらインターネット株式会社** URL https://www.sakura.ad.jp/	レンタルサーバなどのインターネットインフラ事業を展開。機械学習や大規模データ処理を行うための、専用サーバサービス「高火力コンピューティング」を提供している。
プラットフォーム・インフラ **日本アイ・ビー・エム株式会社** URL https://www.ibm.com/jp-ja/	自然言語処理と機械学習の技術を搭載した「IBM Watson」を開発。コグニティブコンピューティングを中心に、ITインフラの「設計」「構築」「提供」を行い、企業の課題解決に貢献する。
機械学習サービス **株式会社NTTドコモ** URL https://dev.smt.docomo.ne.jp/	アプリ開発者向けに、発話理解や言語解析、トレンド記事抽出など、機械学習を活用したシステムのAPIなどを提供する「docomo Developer support」事業を展開。
機械学習サービス **株式会社アドバンスト・メディア** URL https://www.advanced-media.co.jp/	音声認識エンジン「AmiVoice」により、コールセンターや企業の受付業務のほか、さまざまな分野の業務に音声認識技術を提供。音声対話ができるAI対話ソリューション「AmiAgent」は、多くの有名企業に採用されている。
機械学習サービス **株式会社プレイド** URL https://plaid.co.jp/	データ解析や機械学習の技術を活かし、サイト訪問者の閲覧情報などから適切なアクションを行う、Web接客プラットフォーム「KARTE（カルテ）」を提供している。
ソフトウェア・ハードウェア **AMD** URL http://www.amd.com/ja	「Ryzen」などの高性能CPUで知られる、コンピューター開発企業。2016年12月、高い演算能力を持つ機械学習や大規模データの解析に適したGPU「Radeon Instinct」を発表した。
ソフトウェア・ハードウェア **NVIDIA（エヌビディア）** URL http://www.nvidia.co.jp/	GPUの開発と製造を行うIT企業。ソフトウェアや開発ツールを統合した機械学習プラットフォーム専用コンピューターの提供や、ディープラーニング向けGPUの開発も行っている。
ソフトウェア・ハードウェア **SAPジャパン株式会社** URL https://www.sap.com/japan/	顧客管理システムやビジネスソフトウェアの開発など、企業が必要とするさまざまな業務部門別のソフトウェアを提供している。また、アナリティクス製品によりビジネスの測定と予測を行う環境を提供する。
ソフトウェア・ハードウェア **The MathWorks, Inc.** URL https://jp.mathworks.com/	数学的計算ソフトウェアの開発会社。機械学習をはじめとした高度な分析技術を駆使した、さまざまなデータ解析アプリケーションを提供している。

機械学習注目企業リスト

ソフトウェア・ハードウェア **株式会社UEI** URL http://www.uei.co.jp/	AI（機械学習）をはじめとしたソフトウェアの企画・開発・コンサルティングのほか、機械学習を学びたい人向けのセミナー開催を通して、企業の機械学習導入をサポートしている。
ソフトウェア・ハードウェア **株式会社フィックスターズ** URL http://www.fixstars.com/ja/	並列処理技術を活用した組み込み機器の制御やIT基盤の最適化、高速ストレージ・サーバの提供を行う。機械学習アルゴリズムのGPU化、ソフトウェアの開発支援を行っている。
ソフトウェア・ハードウェア **株式会社レトリバ** URL https://retrieva.jp/	機械学習プラットフォーム「Sedue Predictor」や、機械学習を活用したコールセンター向け分析ソリューション「VoC Analyzer」など、機械学習や自然言語処理技術を駆使したソフトウェアの開発・提供を行う。
ソフトウェア・ハードウェア **ザイリンクス株式会社** URL https://japan.xilinx.com/	FPGAを発明した企業として知られる「Xilinx」の日本法人。FPGAを中心としたさまざまなプログラマブルデバイスを開発・提供しており、XilinxのFPGAは中国Baidu社など多くの企業において機械学習活用のために採用されている。
ソフトウェア・ハードウェア **トレンドマイクロ株式会社** URL http://www.trendmicro.co.jp/jp/	ITセキュリティ製品の開発企業。企業向けのセキュリティソフト「ウイルスバスター コーポレートエディション XG」には、サイバー攻撃を防ぐ「機械学習型検索機能」が搭載されている。
ソフトウェア・ハードウェア **日本アルテラ株式会社** URL https://www.altera.co.jp/	最新のIPコアや開発ツールを提供してきたアルテラ（2015年、インテルにより買収）の日本法人。機械学習（とくに畳み込みニューラルネットワーク）に適したFPGAの開発・提供を行う。
ロボット開発 **ファナック株式会社** URL http://www.fanuc.co.jp/	工業用ロボットで世界有数のシェア。機械学習システムにより、ティーチングの自動化を実現したバラ積みロボットを開発。さまざまな産業ロボットの開発により、工場の自動化に貢献している。
ロボット開発 **本田技研工業株式会社** URL http://www.honda.co.jp/	自動運転技術の開発など、AIやビッグデータ、ロボティクス技術を活用したイノベーション促進に取り組む。カーナビデータを利用した交通安全対策など、テクノロジーをさまざまな形で社会に役立てる試みも行っている。
システム開発 **Google DeepMind** URL https://deepmind.com/	AlphaGo（アルファ碁）の開発で知られる、機械学習・AI研究の世界的リーディングカンパニー。難病の早期発見など、医療への機械学習の活用も進めている。
システム開発 **エヌ・ティ・ティ・コムウェア株式会社** URL http://www.nttcom.co.jp/	ディープラーニングを用いた画像認識プラットフォームを開発。通信キャリアのグループ企業としてシステム開発を行ってきた経験とノウハウをもとに、ICT基盤などを提供している。

システム開発 **株式会社 安藤・間（安藤ハザマ）** URL http://www.ad-hzm.co.jp/	国内外で、工場をはじめとするさまざまな大型施設やビルシステムを手掛ける。AI・機械学習を活用したスマートエネルギーシステム「AHSES」を開発。
システム開発 **株式会社エヌ・ティ・ティ・データ** URL http://www.nttdata.com/jp/ja/	オープンソースソフトウェアを活用したシステム導入を支援。機械学習を利用した交通管理システムの実証実験や、気象ニュース原稿を自動生成する実証実験を行っている。
システム開発 **株式会社セールスフォース・ドットコム** URL https://www.salesforce.com/jp/	営業支援やマーケティング支援のクラウドサービスを提供。AIプラットフォーム「Salesforce Einstein」のほか、機械学習を利用したビジネス支援ツールの開発を行っている。
システム開発 **株式会社日立製作所** URL http://www.hitachi.co.jp/	顧客の声から潜在ニーズなどを抽出できる「音声データ利活用ソリューション」などのシステム開発のほか、機械学習やビッグデータ活用に関する研修サービスを提供し、企業のビジネス活用をサポートしている。
システム開発 **新日鉄住金ソリューションズ** URL http://www.nssol.nssmc.com/	製造業や流通業など5つの分野で、情報システムに関するコンサルティングからシステムの設計・構築を行っている。日本における、機械学習プラットフォーム「DataRobot」の販売代理店。
システム開発 **東芝情報システム株式会社** URL https://www.tjsys.co.jp/	ハードウェアからソフトウェアまで、幅広い分野を手がけるシステム開発企業。機械学習の技術を活用して、機械設備の故障を高い精度で予測できる「分析・予測支援サービス」を開発。
システム開発 **日本電気株式会社（NEC）** URL http://jpn.nec.com/	最先端の顔認証技術「NeoFace」の開発をはじめ、機械学習の手法を活かしたシステムで多くの企業に貢献。食品分野や医療分野など、さまざまな分野への機械学習活用に挑戦している。
システム開発 **日本マイクロソフト** URL https://www.microsoft.com/ja-jp/	クラウドサービス「Azure Machine Learning」により、企業の機械学習導入を支援。豊橋技術科学大学と協力し、「多言語コミュニケーション」の実現を目指す。
システム開発 **富士通株式会社** URL http://www.fujitsu.com/jp/	機械学習やビッグデータ解析の技術を活かしたソリューションを提供。企業のAI活用を支援するプラットフォーム「Zinrai（ジンライ）」やチャットボットサービス「Finplex Robot Agent Platform」を開発。
システム開発 **安川情報システム株式会社** URL http://www.ysknet.co.jp/	さまざまな情報システムの構築・運用サービスのほか、機械学習を活用し製造業や医療に特化したソリューション事業を展開。機械学習を活用した、浄水場の配水量予測システムなども開発している。

60分でわかる！ 機械学習&ディープラーニング 超入門

Index

アルファベット

AI ································ 18, 24
AlphaGo ····························30
Amazon ····························46
API ·······························128
Beauty.AI ························150
DataRobot ························130
Facebook ··························36
FinTech ····························66
Google ························36, 132
Google DeepMind ················30
Googleフォト ·····················11
Google翻訳 ·······················72
GPU ·························116, 134
IoT ···························28, 64
JINS BRAIN ·······················42
Machine Learning ·················8
Microsoft ························148
OCR ·······························68
Tay ·······························148
TensorFlow ··················50, 132
Web·······························128

あ 行

アグリ・インフォマティクス ········ 138
アソシエーション分析 ···············82
アルゴリズム ······················80
異常検知 ··························56
意味解析 ··························86
医療 ······························34
ウォークスルー顔認証システム ·····70
オープンデータ·····················118
重み ·························80, 106
オリジナルのシステム ········ 114,120
音声データ ·······················48

音声認識 ·····················16, 128

か 行

過学習 ·······················22, 104
学習 ······························12
カスタマーレビュー ················46
画像認識 ·····················16, 128
監視システム ······················70
消えていく職業 ···················152
機械学習 ···························8
機械学習の分類 ···················88
機械学習の目的 ···················74
機械学習の歴史 ···················18
気象情報 ··························40
キュウリ仕分け機 ·················50
強化学習 ·····················88, 96
共起関係 ··························82
教師あり学習 ·················90, 92
教師なし学習 ·················90, 94
クオンツ・ファンド ················66
クラウドサービス ···········114, 124
形態素解析 ························86
決定木 ····························84
交通 ·························62, 142
構文解析 ··························86
コールセンター······················48
故障予測 ·····················122, 126
コストダウン ·····················112
コンサルティングサービス ········ 120

さ 行

再帰型ニューラル・ネットワーク ·····98
最適化 ·······················74, 88
サポートベクターマシン ··········108
次元 ·····························106

市場規模 …………………… 16, 110	ニューロン …………………… 20, 76
自然言語処理 …………………… 86	認識 ………………… 16, 74, 88
自動運転 ………………………… 32	農業 …………………… 50, 138
自動化 …………………………… 112	能動学習 ………………………… 102
渋滞緩和 ………………………… 142	
需要予測 ………………………… 40	

は 行

商品レコメンデーション …………17	パーセプトロン …………………… 76
シンギュラリティ ……………… 100	パッケージ ……………………… 126
推論 ……………………………… 12	半教師あり学習 ………… 90, 102
推論モデル ……………………… 12	犯罪防止 ………………………… 146
素性 ……………………………… 80	判断 ……………………………… 10
	汎用人工知能 …………………… 24

た 行

第三の相殺戦略 ……………… 144	ビッグデータ ………… 8, 14, 28
第4次産業革命 ……………… 136	フィルタリング ………………… 60
タグ付け（写真）………………… 36	不正会計予測モデル …………… 58
畳み込みニューラル・ネットワーク …98	プラットフォーム ……………… 130
遅延予測 ………………………… 38	分野 ……………………………… 14
チャットボット ………………… 148	分類 …………………… 74, 88
超高速取引 ……………………… 66	ベイズの定理 …………………… 80
ティーチング …………………… 52	報酬 …………………… 32, 96
ディープラーニング	
…………… 20, 68, 76, 87, 98, 100	

ま・や・ら 行

データ ………… 12, 78, 118, 132	前処理 …………………………… 78
データサイエンス ……………… 26	未学習 …………………………… 22
電力 ……………………………… 54	未来予測 ………………………… 84
導入方法 ………………………… 114	迷惑メール ……………………… 80
東ロボくん ……………………… 44	予測 ………… 10, 16, 74, 88
独自システム …………………… 114	ラベル …………………… 88, 92
特徴量 …………………… 12, 100	ランダムフォレスト …………… 108
特化型人工知能 ………………… 24	リアルタイム翻訳 ……………… 140
	ロジスティック回帰 …………… 108

な 行

ナイーブベイズ ………………… 80	ロボ・アドバイザー …………… 66
ニューラル・ネットワーク ……… 18, 20	ロボット ………………………… 52
	ロボット戦争 …………………… 144

159

■ 問い合わせについて

本書の内容に関するご質問は、下記の宛先まで FAX または書面にてお送りください。
なお電話によるご質問、および本書に記載されている内容以外の事柄に関するご質問にはお答えできかねます。あらかじめご了承ください。

〒 162-0846
東京都新宿区市谷左内町 21-13
株式会社技術評論社　書籍編集部
「60 分でわかる！　機械学習＆ディープラーニング　超入門」質問係
FAX：03-3513-6167

※ ご質問の際に記載いただいた個人情報は、ご質問の返答以外の目的には使用いたしません。
　また、ご質問の返答後は速やかに破棄させていただきます。

60分でわかる！　機械学習＆ディープラーニング　超入門

2017 年 4 月 25 日　初版　第 1 刷発行
2017 年 8 月 30 日　初版　第 2 刷発行

著者	機械学習研究会
監修	株式会社 ALBERT データ分析部 安達章浩・青木健児
制作協力（五十音順）	IDC Japan 株式会社、EY 総合研究所株式会社、小池誠（「きゅうり仕分け機」開発者）、東芝情報システム株式会社、日本電気株式会社（NEC）、ファナック株式会社
発行者	片岡　巌
発行所	株式会社　技術評論社 東京都新宿区市谷左内町 21-13
電話	03-3513-6150　販売促進部 03-3513-6160　書籍編集部
編集	リンクアップ
担当	野田　大貴
装丁	菊池　祐（株式会社ライラック）
カバーイラスト	kirill_makarov/Shutterstock
本文デザイン・DTP	リンクアップ
製本／印刷	大日本印刷株式会社

定価はカバーに表示してあります。

本書の一部または全部を著作権法の定める範囲を超え、
無断で複写、複製、転載、テープ化、ファイルに落とすことを禁じます。

©2017　技術評論社

造本には細心の注意を払っておりますが、万一、乱丁（ページの乱れ）や落丁（ページの抜け）がございましたら、小社販売促進部までお送りください。送料小社負担にてお取り替えいたします。

ISBN978-4-7741-8879-9 C3055

Printed in Japan